数学

杂谈

—— 张景中院士献给
数学爱好者的礼物

[典藏版]

张景中◎著

中国少年儿童新闻出版总社
中国少年儿童出版社
北京

图书在版编目（CIP）数据

数学杂谈（典藏版）/ 张景中著.—北京：中国少
年儿童出版社，2011.7（2024.7重印）
（中国科普名家名作 • 院士数学讲座专辑）
ISBN 978 – 7- 5148 – 0198 – 9

Ⅰ.①数… Ⅱ.①张… Ⅲ.①数学 – 少儿读物 Ⅳ.
①01–49

中国版本图书馆CIP数据核字（2011）第062315号

SHUXUE ZATAN (DIANCANGBAN)
（中国科普名家名作·院士数学讲座专辑）

出版发行：中国少年儿童新闻出版总社
中国少年儿童出版社

执行出版人：马兴民

策　　划：薛晓哲		著　　者：张景中	
责任编辑：许碧娟　董慧　常乐		责任校对：杨　宏	
装帧设计：缪　惟　刘豪亮		责任印务：厉　静	

社　　址：北京市朝阳区建国门外大街丙 12 号楼　　邮政编码：100022
总 编 室：010–57526070　　　　发 行 部：010–57526568
官方网址：www.ccppg.cn

印刷：北京市凯鑫彩色印刷有限公司

开本：880mm×1230mm　　1/32　　　　印张：10
版次：2011年7月第1版　　　　印次：2024年7月第12次印刷
字数：180千字　　　　　　　　印数：72001–77000册

ISBN 978–7–5148–0198–9　　　　定价：25.00元

图书出版质量投诉电话：010–57526069　　电子邮箱：cbzlts@ccppg.com.cn

目 录

SHUXUEZATAN   Contents

目 录

第一篇　少年数学迷

方格纸上的数学

这是一张普普通通的方格纸。你可以在文具店里买到它。要是你有耐心，也可以用削尖了的细铅笔仔仔细细地画一张。

利用方格纸，你能学到许多新鲜有趣的数学知识。

和方格纸交上朋友，你会更喜欢数学。

方格纸上的加法

你在一年级就开始学加法。方格纸上的数学，也从加法说起吧。

方格纸的边上标着数字：角上是 0，然后是 5，10，15，20，……一行数字沿着水平方向增加，另一行沿着垂直方向增加。

举个例子，你想算 $7 + 15$，怎么办呢？如下页图 1 - 1，在上边找到 15，左边找到 7。在 15 那个点有一条竖线，在 7 那个点有一条横线。横竖一相交，在上面用笔画一个点。从这个点沿着小方格的对角线向右上方跑，跑到边上一看，这里是 22（向左下方跑，跑到边上，还是 22），这告诉你：

$$7 + 15 = 22。$$

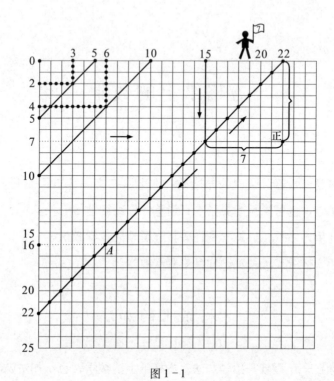

图 1-1

因为小点点跑的是直线，你只要用直尺在所画的点上沿对角线比一比，就可以找到边上的数目"22"了。

如果细心，你常常能从很平常的现象中发现过去自己不知道的道理。为什么方格纸上能做加法呢？请你仔细看看图 1-1。

图 1-1 里有个写着"正"字的正方形。它的边长是 7 格。所以，上边那一段站了一个小人的黑线也是 7 格。15 格加 7 格，当然是 22 格！

　　为什么一定是正方形呢？请你把注意力集中到那个竖"15"与横"7"相交处画的大黑点！它向右上方每跳一步，它的位置就上移一格，右移一格。横着竖着跑得一样远，所以撑出了一个正方形。

　　沿着图 1 - 1 里那条长长的斜线，有一串黑点。随便举一个点，比如说 A 点吧。朝上一直看，看见了"6"；朝左横看，是"16"；把看到的两个数一加，又是 22。你可再试几个点，都是如此。所以，我们给这条斜线起了个名字，叫做"和为 22 的加法线"，也叫"22号加法线"。

　　你还可以很容易地画出其他的加法线。例如把上边的"5"与左边的"5"这两个点用直线连起来，便是"和为 5 的加法线"；两个"10"连起来，便是"和为 10 的加法线"（在这条线上任取一点，向上看见一个数，向左也看见一个数，两个数相加准是 10）。

方格纸上的减法

　　用加法线也能算减法。例如要算 22 - 7，先把和为 22 的加法线画出来，再在左边找到"7"这个点，从"7"向右一直跑，碰到"和为 22 的加法线"之后，拐个弯儿一直向上跑，跑到边上正好是 15，所以 22 - 7 = 15。

　　加法和减法，一个是另一个的逆运算。加法倒过来，就是减法。

所以，你也能在方格纸上做减法。

现在，再介绍用另一个方式在方格纸上做减法。看着下图 1 – 2，要是你想算 15 – 7，就先在上边找到"15"的位置，在左边找到"7"的位置，从上边的"15"向下画竖线，从左边的 7 向右画横线（其实不用真的动手画，因为方格纸上本来有线），横竖碰头，交于一点。从这个点沿着小方格的对角线向左上方跑。跑到边上，正好是 8。不错，15 – 7 = 8。

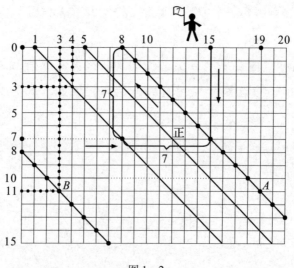

图 1 – 2

道理呢？仔细看图 1 – 2。当黑点向左上方跑时，每上升一格，同时左移一格；上升 7 格到顶，这时恰巧从"15"那里左移了 7 格，所以是 15 – 7。

图 1-2 上的一串黑点形成了一条直线。在直线上随便取一点，比如 A 点。从 A 点一直向上看，看见"19"；向左看，看见 11；19 - 11，又是 8。再换一个点，还是如此。我们就给这条线起个名字，叫做"差为 8 的减法线"，或者"8 号减法线"。方格纸上还有另一条 8 号减法线，即 B 点所在的斜线。这条线上的点，左边比上边大 8。

你很容易在方格纸上画出别的减法线。例如在上边"1"处开始，沿着小方格的对角线向右下方跑，跑出一条"1 号减法线"。这条线上随便取个点，往上看见一个数"甲"，往左看见一个数"乙"，甲 - 乙 = 1。在上边"5"处开始，沿着小方格的对角线向右下方跑，也能跑出一条"5 号减法线"。

利用"减法线"也能做加法。比如要做 8 + 7 吧，从左边的"7"向右画一条横线，它和 8 号减法线相交于一点，从这点向上看，看到上边的 15，表明 8 + 7 = 15。

和 差 问 题

你已经知道，从方格纸上的每个点，能看出两个数。图 1-3 上的 A 点，往上看是 6，往左看是 3，所以 A 点可以表示"上 6 左 3"；反过来，一说"上 6 左 3"，就能找到 A 点。

简单一点说，A 点的代号是 (6, 3)。于是，左上角的点代号是 (0, 0)。上边的那一排点，自左而右，是 (1, 0)，(2, 0)，…左

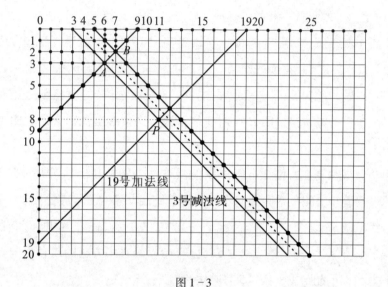

图 1-3

边那一排点，自上而下，是 (0，1)，(0，2)，…

你已经知道了方格纸上有"加法线"和"减法线"。例如，9 号加法线和 5 号减法线交于一点 B，点 B 的代号是 (7，2)。点 B 在 9 号加法线上 (7 + 2 = 9)，又在 5 号减法线上 (7 - 2 = 5)。

利用"加法线"和"减法线"的交点，可以用方格纸解决"和差问题"。

例 1 小明和小红共有 19 本连环画，小明比小红多 3 本。小明有几本？小红有几本？

解： 如图 1-3，画出 19 号加法线，3 号减法线。两线交于一点 P，P 的代号是 (11，8)。答案就出来了：小明有 11 本，小红有 8

本。

如果把例题里"多3本"改成"多4本"，行不行呢？画出4号减法线，它和19号加法线的交点不在方格纸的"格点"上！这表明此题无解，题出错了。

方格纸上的乘法

现在，我们看一看方格纸上的乘法是怎样做的。

例如，用3乘一些数：$1 \times 3 = 3$，$2 \times 3 = 6$，$3 \times 3 = 9$，$3 \times 4 = 12$，$3 \times 5 = 15$，…把每个等式左右两头的数凑在一起，得到一串点的代号：$(1，3)$，$(2，6)$，$(3，9)$，$(4，12)$，…将这些点画在方格纸上，真巧，它们全在一条直线上（下页图1－4）！

因为是乘以3，所以把这条直线叫做3号乘法线。图1－4还画出了1号、2号、4号、5号、6号、10号这些乘法线。

例如，在上边找到"9"，从"9"这里向下画直线。直线和1号乘法线交于A，从A向左看是9，表明$9 \times 1 = 9$；和2号乘法线交于B，从B向左看是18，表明$9 \times 2 = 18$；和3号乘法线交于C，从C向左看是27；和4号乘法线交于D，从D向左看是36。它们分别表明$9 \times 2 = 18$，$9 \times 3 = 27$，$9 \times 4 = 36$，等等。

院士数学讲座专辑

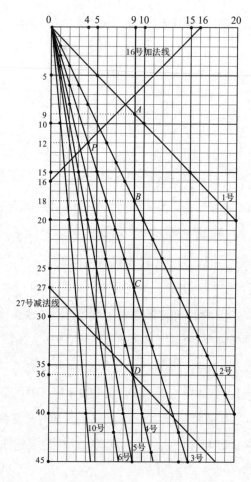

图 1－4

方格纸上的除法

利用乘法线也能做除法。比如，算

$$36 \div 4 = ?$$

只要在图 1-4 的左边找到"36"，从 36 向右画直线，与 4 号乘法线交于 D；从 D 向上看到 9，即 $36 \div 4 = 9$。

和倍问题与差倍问题

利用乘法线与加法线配合，可以算"和倍问题"；利用乘法线与减法线配合，可以算"差倍问题"。下面各举一例：

例 2 美术社团共有 16 位同学，其中男同学人数是女同学人数的 3 倍，问男女同学各几人？

解：图 1-4 中画出 16 号加法线，它和 3 号乘法线交于一点 P。从 P 往上看是 4，往左看是 12，所以男同学 12 人，女同学 4 人。

例 3 已知小华的妈妈比小华大 27 岁，并且今年妈妈的年龄正好是小华的 4 倍，问小华和他的妈妈今年各多少岁？

解：图 1-4 画出了 27 号减法线，它和 4 号乘法线交于一点 D；从 D 往上看是 9，往左看是 36。所以小华今年 9 岁，妈妈 36 岁。

方格纸上算比例

图 1－5 的方格纸上，有两条从左上角向右下方伸展的直线。

靠上的那一条，上面标有 A、B、C、D 4 个点。

在 A 处，往上看是 9，往左看是 6。上 9 左 6，9:6 = 3:2。

在 B 处，上 12 左 8，12:8 = 3:2。

在 C 处，15:10 = 3:2。

在 D 处，18:12 = 3:2。

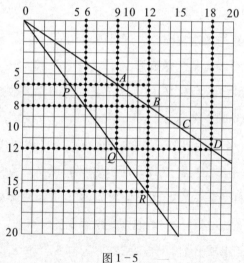

图 1－5

在这条直线上，不管哪个点，上边的数与左边的数之比都一样，都是 3:2。所以，我们把这条直线叫做"3:2 的比例线"，或简单一点叫做"3∶2线"。

当然，"3∶2线"、"6∶4线"、"18∶12线"，都是同一条线。

图1-5还画了另一条线，是"3∶4线"。上面的点P是上6左8，Q是上9左12，R是上12左16。不是吗？6∶8、9∶12、12∶16，都等于3∶4。

上面我们说过乘法线，乘法线也是比例线。3号乘法线就是"1∶3线"。当然，"3∶1线"也可以当乘法线来用。

我们用方格纸来算几个比例应用题。

例4 一辆汽车半小时（30分钟）行25千米。20千米的路程要花多少时间？

解： 如图1-6，先画出30∶25的比例线。再在左边找到"20"，从"20"向右画横线，和30∶25比例线交于A点。从A向上看，是24，所以答案是24分钟。

例5 一辆汽车运原料，上午运4次，下午运3次，上下午共运28吨。问上下午各运多少吨？

解： 上下午运量的比是4∶3，运量之和是28吨。在图1-6中画出28号加法线和4∶3比例线，两线交于B。从B往上看是16，往左看是12，所以上午运16吨，下午运12吨。

例6 已知饲养小组喂的白兔比黑兔多6只，黑兔与白兔数目之比是3∶5，问黑兔白兔各有几只？

解： 图1-6画出了一条3∶5的比例线，又从左边画了一条6号减法线，两线交于点P。从P向上看是9，向左看是15。所以黑兔

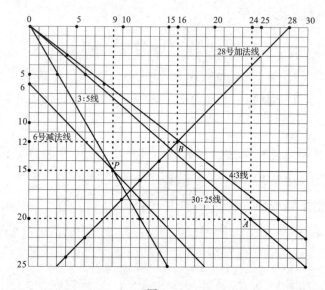

图 1-6

有 9 只，白兔 15 只。

在方格纸上解行程问题特别有趣。

用上边的数字表示路程，左边的数字表示时间。如果行走的速度是均匀的，时间和走过的路程成正比例，那么，我们就可以用比例线表示行程的规律。

例如，甲每分钟前进 100 米，乙每分钟前进 200 米。如果方格纸上边每格表示 100 米，左边每格表示 1 分钟。甲的行程规律可以用 1:1 的比例线表示，乙的行程规律可以用 2:1 的比例线表示（图 1-7）。

在甲的行程规律线上取一点 A，从 A 向左看是 6，向上看也是 6。这表示：甲出发 6 分钟后，离出发点 600 米。在乙的行程规律线上

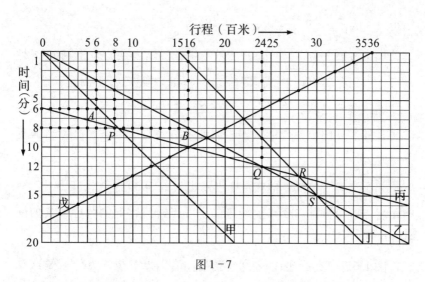

图 1-7

取一点 B，从 B 向上看是 16，向左看是 8。这表示：乙出发 8 分钟后，离出发点 1600 米了。

如果丙每分钟前进 400 米，在甲、乙出发后 6 分钟才出发，丙的行程规律线什么样呢？

因为 6 分钟时丙的行程还是 0，所以行程线应当从左边 "6" 处开始。又因为每分钟走 400 米，所以这条线倾斜的程度和 4:1 的比例线是一样的。

丙的行程线和甲的行程线交于一点 P，从 P 向左看是 8，向上看也是 8。这表明：在甲出发 8 分钟后（丙出发 2 分钟后），丙在距出发点 800 米处追上了甲。

丙的行程线又和乙的行程线交于 Q。点 Q 的位置是 "上 24 左 12"。这就告诉我们，在乙出发 12 分钟后（丙出发 6 分钟后），在离出发点 2400 米远的地方，丙又追上了乙。

如果又有一位丁，他一开始就在甲、乙出发点的前面 1500 米处动身，以每分钟 100 米的速度前进，他的行程线又如何画呢？

这条线应当从上边"15"处开始，按 1：1 比例线的倾斜度向右下方延伸。从图上，你能看出，丙和乙在什么时间、什么地方遇上了丁吗？

如果又有一位戊，他在距甲、乙出发点 3600 米处，和甲、乙同时出发，以每分钟 200 米的速度向出发点赶来，他的行程线又如何画呢？

图 1－7 已经画出了戊的行程线。请你想一想，为什么要这样画？

从图上，你能看出戊和甲、乙、丙、丁在什么时间、什么地点碰面吗？

方格纸上的速算

同学们，你一定知道怎样简便地算出 1~10 的连加数：

$$1+2+3+4+5+6+7+8+9+10=55。$$

办法是：$1+9$，$2+8$，$3+7$，$4+6$，这样有了 4 个 10，另外还有 10 和 5，加起来总和是 55。

这里，告诉你另一个计算思路：

请看图 1-8，在粗黑线右下方，最下一层是 10 个方格，然后是 9 个，8 个，…最上面是 1 个。粗黑线左上方，也是这么多的方格。两部分凑在一起是个 10×11 的长方形，共 110 个方格。如果取一半，即为 55 个。

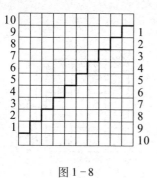

图 1-8

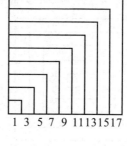

图 1-9

再看图 1-9，一个方格在外面又凑上 3 格，即是边长为 2 的正方形；再凑上 5 格，即是边长为 3 的正方形；再凑上 7 格，即是边长为 4 的正方形……

这样，就又有一条速算规律：

$$1 + 3 = 2 \times 2,$$

$$1 + 3 + 5 = 3 \times 3,$$

$$1 + 3 + 5 + 7 = 4 \times 4,$$

$$1 + 3 + 5 + 7 + 9 = 5 \times 5,$$

$$1 + 3 + 5 + 7 + 9 + 11 = 6 \times 6,$$

…………

再看图 1-10，它又告诉我们另一个规律，你能把它写出来吗？

如果要计算个位是 5 的两位数自乘等于多少，也可以速算。例如，$35 \times 35 = 1225$，答案可以应声而出，方法是：把 3 与（3 + 1）相乘得 12，后面再写上 25 就可以了。类似地，$25 \times 25 = 625$，这个 6 是由 $2 \times (2 + 1)$ 而得；$45 \times 45 = 2025$，这个 20 是由 $4 \times (4 + 1)$ 而得。这里面的道理，也可以在方格纸上表现出来。

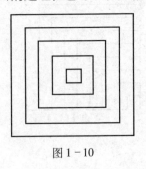

图 1-10

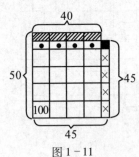

图 1-11

　　比如，在图 1–11 中，一格长度代表 5，于是一个小方格代表 $5 \times 5 = 25$，4 个小方格是 100。要问 45×45 等于多少，只要看看边长为 45（即 9 格）的正方形里有多少个小方格。我们把图中带"×"号的一条切下填到阴影处，凑出一个 $50 \times 40 = 2000$ 的矩形，剩下那个黑色的方格是 25。于是，$45 \times 45 = 2000 + 25 = 2025$。

　　图 1–11 给我们一个启发：要把带"×"的一条和带"·"的一条凑成宽为 10 的长方形，并不一定非要两小条宽度都是 5，一个是 3 另一个是 7 也行。这么一来，又有了一种速算法。

　　两个两位数相乘，如果这两个数的十位数相同，并且个位数之和是 10，可用下列方法速算：把十位数加 1，与十位数相乘，写在前面；两个个位相乘，写在后面。例如，$23 \times 27 = 621$，这个 6 是由 $2 \times (2 + 1)$ 而得，而 $3 \times 7 = 21$ 写在后面。又如 $44 \times 46 = 2024$，这个 20 是由 $4 \times (4 + 1)$ 而得，而 $4 \times 6 = 24$。$72 \times 78 = 5616$，前面的 $56 = 7 \times (7 + 1)$，后面的 $16 = 2 \times 8$。

　　理由呢？比如计算 43×47，我们在图 1–12 中，用方格的数目

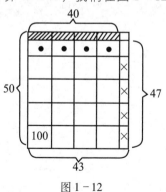

图 1–12

作为实际计算的对象。

一个 43×47 的长方形，把右边带"×"的一条（宽度为 3）切下填到上边阴影部分，凑成一个 40×50 的长方形。此时，还剩右上角 3×7 大小的一块。于是，$43 \times 47 = 40 \times 50 + 3 \times 7 = 2000 + 21 = 2021$。

方格纸上还能说明求余数速算的道理。比如，232 除以 9，余数是 $2 + 3 + 2 = 7$。图 1 – 13 就把运算结果的原因说清楚了。（图中带"×"的方格表示除以 9 剩余的方格。）

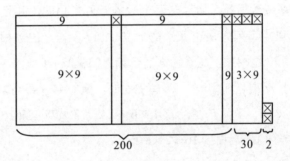

图 1 – 13

"错"也有用

加法比乘法容易做。

分数相乘，却比相加简单。分子乘分子，分母乘分母，多么干脆！分数相加呢，还要通分。这一通分，就要做 3 次乘法。

有时候，我把乘法的规则当成了加法的规则，用颠倒了。在两个分数相加时，来一个分子加分子，分母加分母：

$$\frac{2}{3} + \frac{1}{2} = \frac{2+1}{3+2} = \frac{3}{5}。$$

结果当然是作业本上添了一个红色的"×"。从此，我对分数相加要通分印象更深了。

但是，这种错误的算法得到的结果和正确的结果相比，有没有什么明显的不同呢？

仔细看看，是有很明显的不同：

按照正确的算法，正数相加，应当越加越大。$\frac{2}{3} + \frac{1}{2}$ 的答案，要比 $\frac{1}{2}$ 和 $\frac{2}{3}$ 都大才对。可是 $\frac{3}{5}$ 在 $\frac{1}{2}$ 和 $\frac{2}{3}$ 之间，它比 $\frac{1}{2}$ 大，比 $\frac{2}{3}$ 小。早想到这一点，就会马上发现错误，不吃红"×"了。

把两个分数凑在一起，作为加法，当然是错误的。但用到有些别的问题上，倒也有用。例如：

自行车旅行小组昨天 7 小时行 100 千米，今天 6 小时行 80 千米，两天的平均速度是多少？

如果列出的算式是：

$$\frac{1}{2}\left(\frac{100}{7}+\frac{80}{6}\right),$$

那就错了！正确的做法是：

$$平均速度 = \frac{100+80}{7+6}（千米/小时）。$$

这个平均速度，比第一天较快的速度慢，比第二天较慢的速度快。

这样看，两个分数分子加分子，分母加分母，凑成一个新分数，结果好像把原来的两个分数做了一个"大平均"。新分数在两个分数之间，比大的小，比小的大。

这是不是反映了一个普遍规律呢？

多用几个数试试：

$$\frac{1}{2}<\frac{1+2}{2+3}<\frac{2}{3}, \quad \frac{1}{4}<\frac{1+2}{4+5}<\frac{2}{5},$$

果然不错。但最好还是用字母代替数证明一下。

设 m，n，p，q 都是正数，并且 $\frac{n}{m}<\frac{q}{p}$，也就是 $np<mq$，要证的是 $\frac{n}{m}<\frac{n+q}{m+p}<\frac{q}{p}$，也就是

$$n(m+p) < m(n+q),$$

$$p(n+q) < q(m+p)。$$

展开一看，果然不错！

因为 $\dfrac{1}{1} = 1$，这样就知道：分子分母都加 1，可以使比 1 大的分数变得小一点，比 1 小的分数变得大一点，例如：

$$\frac{7+1}{6+1} < \frac{7}{6}, \quad \frac{5+1}{6+1} > \frac{5}{6}。$$

这样凑出来的新分数，和原来的分数相差多少呢？用刚才的

$\dfrac{3}{5} = \dfrac{2+1}{3+2}$ 试试：

$$\frac{2}{3} - \frac{3}{5} = \frac{1}{15}, \quad \frac{3}{5} - \frac{1}{2} = \frac{1}{10}。$$

真巧，分子都是 1。

这是不是又是一条规律呢？

多算几个试试：

$$\frac{3}{5}, \ \frac{2}{3}, \ 凑成 \frac{5}{8},$$

$$\frac{2}{3} - \frac{5}{8} = \frac{1}{24}, \quad \frac{5}{8} - \frac{3}{5} = \frac{1}{40},$$

倒像是普遍规律！但是：

$$\frac{2}{7}, \ \frac{3}{4}, \ 凑成 \frac{5}{11},$$

$$\frac{3}{4} - \frac{5}{11} = \frac{13}{44}, \quad \frac{5}{11} - \frac{2}{7} = \frac{13}{77},$$

这又不像是普遍规律了。

可是，计算结果有两个 13 出现在分子上，是不是里面还有点规律呢？再仔细检查：

$$\frac{3}{4} - \frac{2}{7} = \frac{13}{28}, \quad \frac{2}{3} - \frac{1}{2} = \frac{1}{6}。$$

这下找到一点线索了：原来两个分数之差的分子是 1，凑出来的分数和原来两个分数之差的分子也是 1；原来两个分数之差的分子是 13，凑出来的分数和原来两个分数之差的分子也是 13！

用字母代替数算一算：

$\frac{q}{p}$，$\frac{n}{m}$ 是原来的分数，凑成新分数是 $\frac{q+n}{p+m}$，

$$\frac{q}{p} - \frac{n}{m} = \frac{mq - np}{pm},$$

$$\frac{q}{p} - \frac{q+n}{p+m} = \frac{mq - np}{p(p+m)},$$

$$\frac{q+n}{p+m} - \frac{n}{m} = \frac{mq - np}{m(p+m)}。$$

果然不错，分子都是 $mq - np$。这条规律算是被找到了。

如果一开始 $mq - np = 1$，像 $\frac{2}{3} - \frac{1}{2} = \frac{1}{6}$ 那样，差的分子是 1，凑出来一个 $\frac{3}{5}$：

$$\frac{1}{2} < \frac{3}{5} < \frac{2}{3},$$

两两之差分子仍是 1。再凑出两个来：

$$\frac{1+3}{2+5} = \frac{4}{7}, \quad \frac{3+2}{5+3} = \frac{5}{8},$$

得到 5 个分数的关系：

$$\frac{1}{2} < \frac{4}{7} < \frac{3}{5} < \frac{5}{8} < \frac{2}{3}。$$

它们当中，相邻两个分数之差，都是分子为 1 的分数。真有趣！

刚才我们是从 $\frac{1}{2}$ 和 $\frac{2}{3}$ 开始凑的，如果从更简单的分数开始呢？

最简单的数当然是 0 和 1。最简单的分数就是 $\frac{0}{1}$ 和 $\frac{1}{1}$，凑一下，

出来个 $\frac{0+1}{1+1} = \frac{1}{2}$：

$$\frac{0}{1} \qquad\qquad\qquad \frac{1}{2} \qquad\qquad\qquad \frac{1}{1}$$

继续进行：

$\frac{0}{1}$		$\frac{1}{3}$		$\frac{1}{2}$		$\frac{2}{3}$		$\frac{1}{1}$
$\frac{0}{1}$	$\frac{1}{4}$	$\frac{1}{3}$	$\frac{2}{5}$	$\frac{1}{2}$	$\frac{3}{5}$	$\frac{2}{3}$	$\frac{3}{4}$	$\frac{1}{1}$

$$\frac{0}{1}\ \ \frac{1}{5}\ \ \frac{1}{4}\ \ \frac{2}{7}\ \ \frac{1}{3}\ \ \frac{3}{8}\ \ \frac{2}{5}\ \ \frac{3}{7}\ \ \frac{1}{2}\ \ \frac{4}{7}\ \ \frac{3}{5}\ \ \frac{5}{8}\ \ \frac{2}{3}\ \ \frac{5}{7}\ \ \frac{3}{4}\ \ \frac{4}{5}\ \ \frac{1}{1}$$

这样做下去，都能得到些什么分数呢？让我们来试一试：

以 2 为分母的，有 $\frac{1}{2}$；

以 3 为分母的，有 $\frac{1}{3}$，$\frac{2}{3}$；

以 4 为分母的，有 $\frac{1}{4}$，$\frac{3}{4}$；

以 5 为分母的，有 $\frac{1}{5}$，$\frac{2}{5}$，$\frac{3}{5}$，$\frac{4}{5}$。

再做下去，马上就要出现 $\frac{1}{6}$ 和 $\frac{5}{6}$，但是绝不会出现 $\frac{2}{6}$，$\frac{3}{6}$，$\frac{4}{6}$。

因为这些分数自左向右一个比一个大，一个数只有一个位置，而 $\frac{2}{6}$，

$\frac{3}{6}$，$\frac{4}{6}$（即 $\frac{1}{3}$，$\frac{1}{2}$，$\frac{2}{3}$）的位置，早已被 $\frac{1}{3}$，$\frac{1}{2}$，$\frac{2}{3}$ 占了。

再做下去，会有 $\frac{1}{7}$，$\frac{6}{7}$ 出现。这样，以 7 为分母的真分数也都

到齐了。

你很容易猜出来：

一、这样做下去，只会产生既约的真分数（即分子分母除 1 外没有其他公约数的分数，并且分子小于分母）。

二、所有的既约真分数，都会一个一个地出现，既不会重复，也不会遗漏。

这两个猜想对不对呢？

这样的猜想又有什么意义？

这两个猜想确实都对，并且已经得到了证明。这样从 $\dfrac{0}{1}$，$\dfrac{1}{1}$ 出发造出来的一串分数，叫做"法里分数"，在数学的研究中还很有用处呢！

花 园 分 块

三角形是最简单的多边形。

简单的东西，往往用处很大。盖大楼要用许多材料，形状简单的砖、石头、沙用得最多。

各种各样的图形里总有三角形，或者有暗藏的三角形，所以三角形用处大。

你早就知道，"三角形的面积等于底和高的乘积的一半"。有关三角形的知识，这一条最简单。简单的东西用处大，这条知识用处大得很。只要你重视它，会用它，它能帮你解决成百上千、各式各样的几何问题呢！

有一个正方形的花园，周界总长 400 米；周界上每隔 20 米种一棵树，一共 20 棵。现在要把花园分成面积相等的 4 块，还要求每块都有 5 棵树。你怎样来分呢？

你很容易想到下页图 1－14 的两种分法。花园角上有树的时候，用图 1－14 的左法；角上没树，用右法。

如果把题目里的 20 棵树改成 40 棵，沿周界每 10 米一棵，而且角上有树，要分得每块面积相等，而且都有 10 棵树，图 1－14 中的

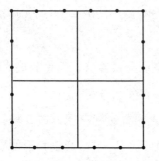 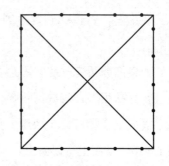

图 1－14

两种方法就都不灵了。

我们可以在边界上随便哪两棵树之间取一点 A，如图 1－15。沿着边界向一个方向量 100 米得到 B，再量 100 米得到 C，再量 100 米得到 D，当然 D 到 A 也是 100 米。把 A、B、C、D 和正方形的中心 O 连起来，便把花园分成了 4 块。这 4 块的面积是不是一样大呢？只要计算其中的一块就知道了。把图 1－15 中的四边形 $APBO$ 分成两个三角形来计算，根据三角形面积公式得到：

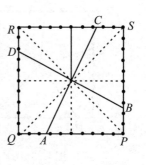

图 1－15

$$\triangle APO \text{ 的面积} = \frac{1}{2} \times 50 \times AP,$$

$$\triangle BPO \text{ 的面积} = \frac{1}{2} \times 50 \times BP,$$

$$\therefore \quad S_{\text{四边形}APBO} = \frac{1}{2} \times 50 \times (AP + BP) = 2500 (\text{米}^2)。$$

在这里，中心 O 到各边的距离是 50，$AP + BP = 100$，这都是知道的。

如果问题再变一变，不是要求把花园分成 4 块，而是分成 5 块，而且要面积相等，每块都是 8 棵树，又该怎么办呢？

很多人会觉得分 5 块难。照搬刚才的方法把花园分成 5 块，如图 1-16，从图上可以看出，这 5 块的形状不一样。用三角形面积公式，可以算出每一块都是 2000 平方米。

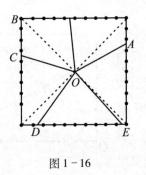

图 1-16

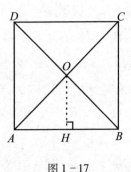

图 1-17

那么，怎么知道中心 O 到各边的距离是 50 呢？这又可以用三角形面积公式来说明。如图 1-17，中心 O 是正方形对角线的交点。对角线把正方形分成 4 个面积一样大的三角形：$\triangle OAB$，$\triangle OBC$，$\triangle OCD$，$\triangle ODA$，它们的面积都是 $\frac{1}{4} \times 10000 = 2500$（米²）。以 $\triangle OAB$ 为例，把 AB 看成底，高 OH 就是 O 到 AB 边的距离，反过来用面积公式：

$$\frac{1}{2} \times AB \times OH = 2500 \text{（米}^2\text{），}$$

已知 $AB = 100$ 米，于是可以求出 $OH = 50$ 米。同理，O 到各边距离都是 50 米。

我们已经看到，同一个面积公式在这里有两种不同的用法：

一、正用：计算面积（分成三角形来算）；

二、反用：求线段长度（图 1 - 17 中，用 $\triangle OAB$ 的面积和底求高）。

我们又看到，同一个问题有不同的解法。有的方法，问题一变就不能用了；有的方法，却能跟着问题变。这种方法，值得你特别注意！

巧分生日蛋糕

一块正方形的生日蛋糕（严格地说，是正四棱柱形的。由于这柱体的高相对较小，通常人们把它叫做方形蛋糕），表面上涂有一层美味的奶油，要均匀地分给 5 个孩子，应当怎么切呢？

困难在于，不但要把它的体积分成 5 等份，同时要把表面积也分成 5 等份！

要是 4 个人分、8 个人分就好了。不然，要是圆形的蛋糕，也就好了。偏偏是方形蛋糕 5 个人来分！

且慢抱怨！冷静地想一下，你会意外地发现，"方形"和"5 人来分"这两个条件，并没有给你增加什么困难，解答是令人惊奇地平凡而简单：只要找出正方形的中心 O，再把正方形的周界任意 5 等分；设分点为 A，B，C，D，E，作线段 OA，OB，OC，OD，OE，沿这些线段向着柱体的底垂直下刀，把它分成 5 个柱体便可以了。如图 1-18，便是一种分法。（我们在图中标出了方形各边的 5 等分点，这就易于看出 A，B，C，D，E 是周界的 5 等分点了。）

要证明这种分法的正确性，只要用一下三角形面积公式和柱体体积公式就够了。由于中心 O 到 4 边距离相等，所以图中用虚线划

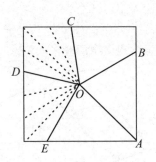

图 1－18

分的小三角形都是等底等高的！剩下的，就是用人人皆知的公式，通过具体计算验证各块的体积相等，并且所附带的奶油面积也相等罢了。

这件事提醒我们：面对貌似困难的题目不要紧张，冷静下来，用你学过的基本知识去分析它，往往会发现它其实并不难。

让我们进一步想想：如果蛋糕是正三角形，或者是正六边形、正 n 边形，而且是 m 个人来分呢？你一定会毫不犹豫地回答：分法是一样的！

如果蛋糕是任意三角形的呢？也许你不那么有把握了吧！想一想：刚才能成功的关键是什么？是"方形中心到各边等距"。那么，三角形内有没有到各边等距的点呢？有，内切圆心就是！分法找到了：把三角形的周界分成 5 等分，把分点 A，B，C，D，E 分别和内心 O 连起来，沿这 5 条线段下刀就是。

但是，你会把任意三角形的周界 5 等分吗？这时，图 1－18 中先把各边 5 等分的办法显然不太适用了。你可以先把 3 边"拉"成一条线段，分好之后再搬回来。用规尺完成这个作图是容易的，如图 1 – 19 所示，这里不再用文字解释了。

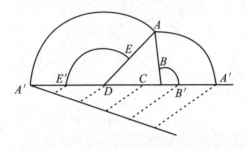

图 1 – 19

刚才我们用到了三角形的内心，这会使我们想到：任意的圆外切多边形也有"内心"，即它的内切圆心 O；而 O 到外切多边形的各边也是等距的。这样一来，所有的圆外切多边形的蛋糕，都可以按照要求均分成 m 块了。方法仍然相同，比如，菱形蛋糕便可以这样来分。

通常吃的蛋糕的形状大致都是柱体的。如果一家食品公司别出心裁，做了一种金字塔形蛋糕，我们能够把它（连同它的表面积）均分成 5 块吗？

金字塔形，就是正四棱锥形。它的分法仍然和前面的分法雷同。只要找出锥形的底的周界的 5 等分点，设分点为 A，B，C，D，E，把它们和锥顶点 O 连接起来。如图 1 – 20，设 O 在锥底的正投影为 O'，我们以 $\triangle OO'A$，$\triangle OO'B$，$\triangle OO'C$，$\triangle OO'D$，$\triangle OO'E$ 为剖面下刀，便可以满足要求了。

进一步思考，你会想到：如果棱锥的底面是圆外切多边形，而

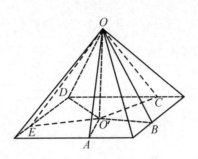

图 1－20

且棱锥顶点和底的内切圆圆心连线垂直于底面的话，仍可以依样画葫芦地均分成若干块。因为，利用勾股定理和立体几何里的"三垂线定理"容易验证：棱锥各侧面三角形的高相等。另外，底面内心仍和底的各边等距。

回顾一下，我们从开始到现在，一步一步已走得不近了；但每一步并不太费力。这样一小步一小步地向前挪动，可以使你从简单情况出发，解决相当困难的问题。不信，你可以试问一位爱好数学的朋友：

"怎样把正四面体形的蛋糕均匀地分成 5 块，同时使表面上的奶油也分得均匀？"

十之八九，他会觉得这是个难题。甚至他很难一下子相信你告诉他的解答（如上述）是正确的！但对于你，这个问题已了如指掌了。

但是，这样的分法并非无往而不胜！如果是一块长和宽不相等的矩形蛋糕，就会让我们碰钉子。不过，也不是没有办法。设矩形

的长为 a，宽为 b，下面提供的方法可以把它均分成 5 块（如图 1 – 21）。注意，别忘了表面积也要分均习。

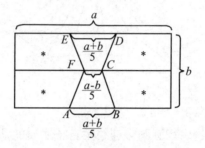

图 1 – 21

说明如下：4 块带"＊"的部分都是全等的四边形，因而只要计算一下中间的六边形 $ABCDEF$ 有关的蛋糕的量。设蛋糕高为 h，则：

$$\text{这一块的体积} = h \times \frac{b}{2} \times \left(\frac{a+b}{5} + \frac{a-b}{5} \right) = \frac{abh}{5},$$

$$\text{奶油面积} = 2 \times h \times \frac{a+b}{5} + 2 \times \frac{1}{2} \times \frac{b}{2} \left(\frac{a+b}{5} + \frac{a-b}{5} \right)$$

$$= \frac{1}{5} \big[2h(a+b) + ab \big] = \frac{1}{5} (2ah + 2bh + ab),$$

恰好符合要求。

最后，试问一下：怎样把矩形蛋糕均分为 7 块，9 块，10 块，m 块？（请参考图 1 – 21，也有别的方法。）

"1+1≠2" 的形形色色

这个标题也许使你惊奇。1+1 当然等于 2，这在算术里早已明确了！为什么这里却说 1+1≠2 呢？其实，只要打破常规，大胆想象，确能找出几个能自圆其说的 "1+1≠2" 的例子！

例1　一只虎加一只羊，虎吃了羊，岂不是 1+1=1 吗？

例2　一堆沙子和另一堆沙子，是一大堆沙子，又是 1+1=1！

例3　一支筷子加一支筷子，是一双筷子，也可以说 1+1=1！

你一定会觉得这几个例子不严肃，缺乏科学性。特别是例 2 和例 3，把两堆叫 "一大堆"，把两支叫 "一双"，不过是文字游戏罢了。

好，让我们继续找些 1+1≠2 的例子。

例4　如图 1-22，小明向东走 1 千米，接着向北走 1 千米，结果他离出发点不是 2 千米，按勾股定理算出来是 $\sqrt{2}$ 千米，即大约 1.41 千米，这是 1+1<2！

最后这个例子，数学味道比前几个浓得多。它告诉我们位置的移动——在数学中叫 "位移"，光说距离的大小，不

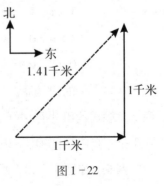

图 1-22

提方向是不够的。向东走 1 千米，再向东走 1 千米，离出发点 2 千米。向东走 1 千米，再向西走 1 千米，却回到出发点了。像这样既有大小又有方向的量，叫做向量。位移、力、速度、加速度等都是向量，可见向量有很大的用处。

向量怎么相加呢？在图上看是很简单的，用带箭头的线段表示向量，线段的长度就表示向量的大小。甲、乙两个向量首尾衔接，从甲的尾巴到乙的箭头便可以画出个带箭头的线段，这个线段便表示甲、乙两向量之和。

当甲、乙两向量大小都等于 1 时，两向量的和的大小通常小于 2；只有甲、乙方向相同时，它们的和的长度才是 2！

例 5　把所有整数分成两类：偶数和奇数。用 0 代表偶数，1 代表奇数。这时：

$$1 + 1 = 0 \quad （奇 + 奇 = 偶）$$
$$1 + 0 = 1 \quad （奇 + 偶 = 奇）$$
$$0 + 0 = 0 \quad （偶 + 偶 = 偶）$$
$$1 \times 1 = 1 \quad （奇 \times 奇 = 奇）$$
$$1 \times 0 = 0 \quad （奇 \times 偶 = 偶）$$
$$0 \times 0 = 0 \quad （偶 \times 偶 = 偶）$$

这种 0 与 1 之间的运算，叫"模 2"算术。"模 2"算术可以用在编码上。编码的用处可大了，信息的记录、保存、传递都离不开它。特别是军用密码的编制和破译，各国都在加紧研究它。

例 6　如图 1 – 23，甲、乙两个开关并联起来，组成一个电路

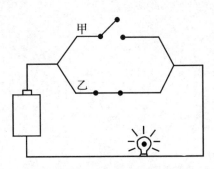

丙。用 1 表示通电，0 表示断电。"＋"表示并联，很容易看出来：

若甲断电，乙也断电，则丙也断电，灯泡不亮。这就是 $0 + 0 = 0$。

若甲通电，乙断电，则丙通电，灯泡亮了。这就是 $1 + 0 = 1$。

图 1 - 23

若甲通电，乙也通电，则丙通电，灯泡亮了。这是 $1 + 1 = 1$。

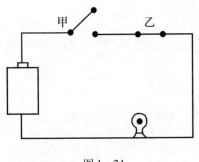

图 1 - 24

如果甲、乙电路不是并联而是串联（如图 1 - 24），可以用乘法表示。这时甲、乙有一个断开，丙就断开。这就是：$0 \times 0 = 0$，$0 \times 1 = 0$，$1 \times 0 = 0$。当甲、乙都接通时，灯就亮了，这就是 $1 \times 1 = 1$。

按照这种规律，又建立了一种算术，叫布尔算术。布尔算术里只有两个数：0 和 1。它和"模 2"算术不同之处在于 $1 + 1 = 1$，而在"模 2"算术里 $1 + 1 = 0$！

在布尔算术基础上，又发展起一种布尔代数。这种代数在电子线路的设计上大有用处，计算机的研制、使用都离不开它。

你看，"$1 + 1 \neq 2$"这个看来荒谬的式子，把我们引入了多么广阔的领域啊！

用圆规巧画梅花

在正五边形的每条边上，向外画半圆，便成了一朵梅花。你能画吗？

这有什么稀奇呢？人人都会画。

可是有个要求：在画花瓣的时候，圆规的针脚不许离开正五边形的中心点。你会画吗？

也许你会提出疑问，这怎么可能呢？

能！告诉你两个方法。说到这里，我还想起了一段往事。

当我第一次拿到圆规的时候，心里感到特别好奇，总想东画一个圆，西画一个圆。

一次，我在一个硬纸盒子里画圆，可是圆心定偏了，画着画着，纸盒的侧面挡住了圆规上铅笔的去路。于是，我把圆规稍微向后倾斜了一下，针脚依然插在原处，硬是从纸盒的侧面画了过去（下页图 1－25）。画完之后，我把纸盒的 4 个侧面摊平一看，奇怪的事发生了！我画的竟不是一个圆，而是比圆多凸出了一块（下页图 1－26），真像个不倒翁呢。凸出的部分恰好是一个半圆。

说到这里，你一定会想到圆规针脚不动，画出 5 瓣梅花的方法了吧。

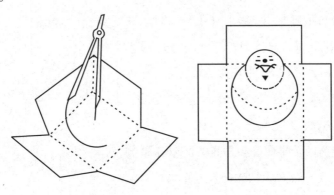

图 1－25　　　　　　　　图 1－26

　　一个方法是在一个底面是正五边形的盒子里画，画完之后把盒子的侧面全部剖开摊平。但是，这样的盒子是不大容易找到的。

　　另一个可行的方法是这样的：先在纸上画一个正五边形。在桌上放一个木匣或硬纸匣，匣的侧面要平，还要和桌面成直角。沿着正五边形的边把纸折成直角，让折缝紧贴匣子侧面的底边，再把圆规针脚钉在正五边形中心，取半径等于正五边形中心到顶点的距离，使圆规上的铅笔从靠匣子侧面画过去（图 1－27）。于是，一瓣梅花就画成了。画完一瓣，针脚不动，把纸和匣子旋转到另一边，再画第二瓣梅花，直到画成 5 瓣为止。

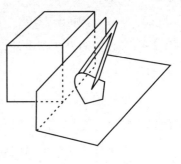

图 1－27

　　这是什么道理呢？我们不妨来证明一下：

设正五边形的一边为 AB，AB 恰好在桌平面与匣侧面的交线上（图 1-28）。取 AB 的中点 M，连接 OM 成一直线。因为 $AO = BO$，$\triangle OAB$ 是等腰三角形，所以 $\triangle OAM$ 是直角三角形。也就是说，$OM \perp AB$，OA 是直角三角形 OAM 的斜边。

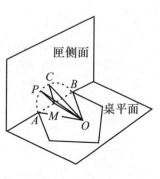

图 1-28

因为两个平面互相垂直，所以在匣侧面上任取一点 P，$\angle PMO$ 就是直角。这里稍稍涉及一点立体几何的知识，你还没有学。但是，你可以用一个三角板，把直角的顶点放在 M 处，一条直角边沿 OM 固定，让另一直角边在匣侧面上转动，就可以证实 $\angle PMO$ 的确是直角。

设圆规的铅笔画到了匣侧面的 P 点，由于 $\angle PMO = 90°$，所以，$\triangle PMO$ 是直角三角形。又由于 $OP = OA$（圆规两脚的距离不变），可利用勾股定理算出：

$$PM = \sqrt{OP^2 - OM^2} = \sqrt{OA^2 - OM^2} = AM。$$

这一点可以说明 P 点运动时，画出一个以 M 为圆心、以 AM 为半径的半圆。

如果匣的侧面和桌平面的夹角不是直角，圆规的针脚还是不动，圆规在侧面上画出来的又是什么呢？你不妨猜一猜、试一试、证一证。

你会发现：两个平面成钝角时，画出来的是不到半圆的圆弧；两个平面成锐角时，画出来的是超过半圆的圆弧。总之，画出来的都是圆弧。

要证明画出来的图形是圆弧并不难，也可以更直截了当地"看"出来：不管 P 点怎么在空中转动，由于 O 是固定的，OP 距离不变（图 1–29），P 在空中运动的轨迹总是以 O 为球心、以 OP 为半径的球面。用平面去截取球面，截取出来的总是一个圆。

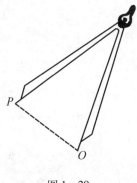

图 1–29

怎样知道有时是半圆，有时又不是半圆呢？

不妨设想 OP 是一根绳子，O 端钉在天花板上，一人紧拉着 P 端在地面上跑，他所跑的路线就是一个圆周（图 1–30）。如图 1–31，如果 O 点不钉在天花板上，而钉在墙壁上，他的活动范围就只剩下一半了，显然他所跑的路线就是一个半圆了。

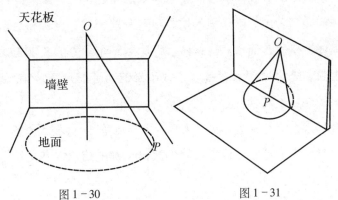

图 1–30   图 1–31

这样想问题的时候，我们已经把匣子的侧面当成地面，把桌面立起来当成墙壁了。墙壁倾斜了，下面的图形仍是圆弧，但不是半个圆了。

设想钉子不动，墙身向外倾斜，拉绳子的人活动范围就不到半圆了。这时候两平面构成钝角（图1－32）。相反，墙身向里倾斜，拉绳子的人活动范围就超过了半圆（图1－33）。

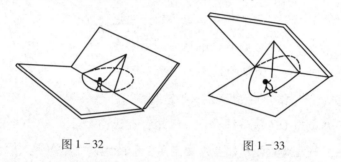

图1－32　　　　　　　　图1－33

说穿了，就这么简单。

在学数学的时候，常常需要这样来想问题，把抽象的问题转化成具体问题来考虑。脑子里不妨先离开那些公式、符号和定理，看看它大体上是怎么回事。这样做，好比到一个陌生的城市去找一栋楼房之前，先在地图上看看这个城市里的街道，看得大体清楚了，进城去找就容易多了。

数学家把这种做法叫做"从直观上弄清楚"。直观上清楚了，并不能代替严密的论证，但能帮我们找出正确的结论，启发我们如何去证明它。

最后，留给你一个问题：能够用圆规在纸上画出一段直线吗？

（答案：把纸贴在圆筒形的盒子内侧，圆规的针脚固定在盒子底部中心，这样就可以画出一条直线了。）

从朱建华跳过 2.38 米说起

　　说起朱建华，你可能有点陌生。你知道吗？在 1980 年代，他可是我国大名鼎鼎的跳高运动员。1983 年 6 月，朱建华跳过 2.37 米，打破了当时男子跳高世界纪录。要知道，田径是我国体育界的弱项，特别是男子项目。朱建华能打破世界纪录，无疑令国人惊讶、振奋不已。

　　9 月 22 日，他又飞过 2.38 米的新高度！

　　世界跳高纪录在一厘米一厘米地增长。既然跳过了 2.38 米，那谁又能说 2.39 米、2.40 米不会被征服呢？

　　一厘米，只有那么一点。在已经达到的高度上增加那么一点，似乎总是可能的。

　　但是，如果真的一厘米一厘米地不断加下去，你会发现人需要跳过的高度将是 3 米、5 米、10 米，直至比月亮还高！

　　也许一厘米太多了一点。一毫米一毫米、一微米一微米地增长，人是不是可能跳过呢？

　　也不行，你可以算出来：即使每次只增长一微米，只要一次又一次不断刷新纪录，最后还是会要求人跳得比月亮还高。

院士数学讲座专辑

不管多么小的正数 a，哪怕是万分之一、亿亿分之一，把它重复相加：$a + a = 2a$，$2a + a = 3a$，$3a + a = 4a$，加的次数多了，便能够要多大有多大。数的这条性质，叫做阿基米德性质，或阿基米德公理。这个阿基米德，就是那位发现浮力定律的古希腊科学家。

照这么说，是不是一个正数加上一个正数，再加一个正数，再加，再加……不断加下去，就一定会越来越大，要多大有多大呢？

这可不见得。越来越大是对的；可要多大有多大，就不一定了。

为什么呢？刚才不是说，不管多么小的数，只要反复地加，可以要多大有多大吗？

阿基米德公理说的是同一个正数反复地加上去，要多大有多大。如果每次加上去的不是同一个数，是越来越小的正数，情形就变了。

从 0.3 开始，加上 0.03，再加 0.003，0.0003，无穷地加，确实越来越大，和 $\frac{1}{3}$ 的差越来越小；但这样无限加下去，无论如何也达不到 $\frac{1}{3}$（为什么，请想一想）。所以规定：

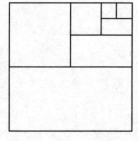

图 1-34

$$\frac{1}{3} = 0.\dot{3} = \dot{0}.3 + 0.03 + 0.003 + 0.0003 + \cdots$$

另一个例子是 $1 = \frac{1}{2} + \frac{1}{4} + \frac{1}{8} + \frac{1}{16} + \cdots$ 它的意思从图 1-34 上可以看个明白。一个正方形内无穷多个长方形的面积之和只能越来越接近于这个正方形的面积，根本不可能比这个正方形更大。

根据上面的例子是不是又可以说：一串越来越小，要多么小就能多么小的正数，一个个加起来，就不会变得很大很大、要多大有多大了呢？

你要是这样看，那就又错了。

比方说，从 1 开始加上两次 $\frac{1}{2}$，再加三次 $\frac{1}{3}$、四次 $\frac{1}{4}$……不是照样可以要多大有多大吗？

也许你不服气，因为加上去的数重复的很多。那就再看这个例子：

$$1 + \frac{1}{2} + \frac{1}{3} + \frac{1}{4} + \frac{1}{5} + \frac{1}{6} + \frac{1}{7} + \frac{1}{8} + \cdots$$

它这样加下去，也会要多大有多大。你明白其中的道理吗？

道理也很简单：

$\frac{1}{3} + \frac{1}{4}$，比 2 个 $\frac{1}{4}$ 大，大于 $\frac{1}{2}$；

$\frac{1}{5} + \frac{1}{6} + \frac{1}{7} + \frac{1}{8}$，比 4 个 $\frac{1}{8}$ 大，也大于 $\frac{1}{2}$；

$\frac{1}{9} + \frac{1}{10} + \cdots + \frac{1}{15} + \frac{1}{16}$，比 8 个 $\frac{1}{16}$ 大，也大于 $\frac{1}{2}$；

…………

可见，其中要多少个 $\frac{1}{2}$ 有多少个 $\frac{1}{2}$，加起来，不就是要多大有多大了吗？

在这篇文章里，从朱建华破跳高世界纪录开始，我们讨论的都是加法，都是无穷多个数相加的问题。在数学中，无穷多个数"相加"，叫做无穷级数。无穷级数属于高深的数学知识，要在高等数学中才学到，可以用来解决许多科学上的难题。但在我们讲的这些当中，你可以看出，高深数学的基本思想就寓于平凡的事物之中。

逃不掉的老鼠

　　一条长线上有 5 只猫，各管一段线。一条短线上有 5 只老鼠，各有一段活动范围（如图 1－35）。猫和老鼠都编了号码，1 号猫负责捉 1 号老鼠，2 号猫负责捉 2 号老鼠，这样继续下去，直到 5 号猫负责捉 5 号老鼠。如果把短线和长线放在一起，但短线的两端不能伸到长线之外（如下页图 1－36），这时是不是总有一只（也许有更多）倒霉的老鼠，它的活动范围恰好碰到了专门捉它的那只猫的防区呢？

图 1－35

　　观察图 1－36，你会发现不管如何划分线段，也不管短线在长线两端之内如何移动，至少有一只老鼠要倒霉。

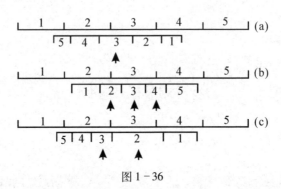

图 1-36

在图 1-36 中我们用箭头指出了这些逃不掉的老鼠的号码。最下面的（c）中，2 号猫的防区刚刚和 2 号老鼠的活动范围边界相连（3 号也一样），也算碰到了。如果不是边界和边界正好对准，就像图 1-36（a）、（b）中所画的那样，防区和同号码的老鼠的活动范围只会有更多的接触。

是不是因为猫和老鼠都太少，才碰巧发生这种情形呢？你不妨自己再画些类似的图，把长短两条线段都分成 10 段、20 段、100 段来看看，你会惊奇地发现，总会有两个相同的号码凑在一起。

这里面有没有什么道理呢？

说穿了也很简单：请看图 1-37，小线段左端的号码 1，对应于比它大的 7；右端的 100，对应于比它小的 94。从左往右看，一开始是上面的号码大，到后来变成上面比下面的小了。不难想象，中间一定有某个地方，上下的号码正好相等。事情就是这样平凡，这好比两人赛跑，一开始甲在乙的后面，后来甲又超过了乙，是不是一定有那么一瞬间，甲和乙并肩前进呢？这是很显然的。

如果图中短线段的号码是从右边开始，道理也一样；就像两人在一条路上互相迎面走来，总要见面一样。

同样的道理，如果长线段上的每个点代表一只猫，它的号码用 0 到 1 之间的实数 x 表示，x 是它到端点 0 的距离。短线段上每个点代表一只老鼠，号码也连续地从 0 变到 1。尽管这时候猫和老鼠都有无穷多只，防区和活动范围都缩小到一个点，可是，总有一只老鼠倒霉，它正好碰上和它号码相同的猫！如图 1-38，用一条和两根线段垂直的虚线来截它们，把虚线从左向右慢慢移动。在 a 和 b 两个截点上，你会发现，一

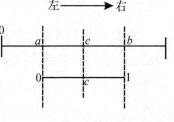

图 1-38

开始上面的数字大（$a > 0$），到后来下面的数字大（$b < 1$）。也就是说，在虚线慢慢地右移时，下面截点的数，从"落后"慢慢变成了"超前"，这中间一定有个地方，下面正好赶上了上面，也就是 $c = c$。不过，c 点究竟在什么位置，可就不知道了。

要是用矩形代替线段，就更有趣了。把大矩形划分为 9 个防区，小矩形按相似的顺序编号，划为 9 个活动范围。把小矩形画在透明纸上，叠放在大矩形上面，不管怎么放，总有一只老鼠，它的活动范围会碰到号码相同的猫的防区！如图 1-39 中用箭头指出了这些

号码。

如果把大小矩形都分成 100 格、1000 格，同样的情况仍然会发生。即使小矩形画得不那么规矩，画成了平行四边形、梯形，甚至弯弯曲曲、歪歪扭扭，都没关系。你就是把小矩形折叠几次，或揉成一团（不要撕破），

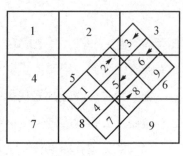

图 1-39

压放在大矩形上面，还是至少会有一只逃不掉的老鼠（如图 1-40）。

如果把矩形换成长方体，把小长方体放到大长方体内，情形仍是一样！这里面包含了一条高深的数学定理，叫做不动点定理。它有很多的变化、推广和应用。许多科学问题的求解，都可以用不动点定理来帮忙哩！

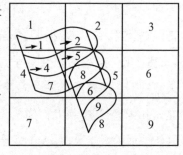

图 1-40

不动点定理还可以用一个简单的例子说明：把一张小的中国地图放在大的中国地图内，一般地说，大地图上的北京、上海、杭州是不会和小地图上的北京、上海、杭州正好落在一起的，它们都动了位置。但可以肯定，一定有一个地方没有动，它在两张地图上的标记落在一块了。如果大小地图相似，这个定理可以用下列几何题来表达：

正方形 $A'B'C'D'$ 在正方形 $ABCD$ 内，请在 $A'B'C'D'$ 内找一点 P，

使$\triangle PA'B' \backsim \triangle PAB$，则 P 就是不动点。你能做出来吗？

（答案：假设 P 点已找到，由 $\triangle PA'B' \sim \triangle PAB$，故 $\angle PB'A' = \angle PBA$。如图 $1-41$，延长 $B'A'$，交直线 AB 于 E，由 $\angle 1 = \angle 2$ 知 $\angle 3 = \angle 4$，故 P 在 $\triangle B'EB$ 的外接圆上。同理，P 也应当在 $\triangle A'FA$ 的外接圆上，F 是 $A'D'$ 和 AD 交点。作出这两个圆，便把 P 找出来了。如果 $AB /\!/ A'B'$，上述方法失效。这时 P 点应当是直线 AA' 与 BB' 的交点。）

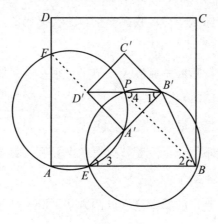

图 $1-41$

石子游戏与同余式

让我们来玩拿石子的游戏吧！

一堆石子，你抓一把，我抓一把，总会抓光的。谁抓到最后的一把，就算输。

光这样规定行吗？先抓的人一下子抓很多，只剩下 1 颗，不就轻而易举地取胜了吗？

那就规定，每次最多不能超过多少。比方说，每次至多取 8 颗石子，再多了就不行。至少呢，总得拿 1 颗吧。如果允许不拿，那最后 1 颗谁也不肯拿了。

两个人都想胜，就要琢磨取胜的方法。石子多了头绪太多，先想想最简单的情形。

1 颗石子，很简单，谁先拿谁输。

2 颗石子，先拿的人就稳操胜券了。拿 1 颗，留 1 颗就是了。再多几颗，只要不超过 9 颗，总是先下手为强，他总可以一下拿得只剩下 1 颗石子。

9 颗再多 1 颗，情况又不同了。我先拿，无法拿得只剩 1 颗。你接着拿，倒可以让石子只剩 1 颗。具体方法是：我拿 1 你拿 8，我拿

2 你就拿 7，我拿 3 你就拿 6……总之要凑够 9 颗。结果，先拿的反而输了。

石子数目只要是 9 的倍数加 1，后拿的人总可以后发制人，用"凑 9 法"来对付先拿的人。9 颗 9 颗地把石子拿掉，剩下 1 颗时正轮到先拿的人，于是先拿的输了。

要是石子数用 9 除不是余 1，主动权就在先拿的人手里了。比如石子数目是 58，用 9 除 58 余 4。甲先拿，拿走 3 颗，石子数变成55，用 9 除余 1 了。以后不论乙怎么办，甲都可以用凑 9 法取胜。

游戏的全部奥秘都已揭露无遗了。知道奥秘的两个人来玩，当然便索然无味。

把规矩改一改呢？比如，每次至多可以拿 7 颗，或者 4 颗，又该如何呢？这样变不出多少花样来。每次拿 7 颗，当石子数用 8 除余 1 时，先拿的输；其他情况，先拿的胜。至于奥秘，不过是把凑 9 变成凑 8 而已。

当然，在拿的过程中不能失误。失误一次，被对方发现，立刻由主动变为被动了。

不论规定拿最后 1 颗的为胜还是为负，掌握了取胜奥秘者，必须先算一算石子数目被 9 除余几（要是拿的石子数每次规定不超过 7 颗，要算算被 8 除余几；不超过 6 颗，要算算被 7 除余几）。在这类游戏中，取胜的关键在于很快地算出一个整数被另一个整数除时的余数。可是你能不能做到这一点呢？有没有一种简便的计算余数的方法呢？

我们不妨来逐个研究一下。

用 9 除一个数的余数，很容易算。只要把被除数各位数字加起来，算一算用 9 除这个加数余几，原来的数就余几。在加的过程中 9 可以换成 0。例如，要问 358472 用 9 除余几，可计算

$$3+5+8+4+7+2=29,$$

用 9 除 29 余 2，所以 358472 用 9 除余 2。

实际上，还可以更简单一些：$7+2=9$，$5+4=9$，所以只要计算 $3+8=11$ 用 9 除时的余数。

道理何在呢？也很简单：

$$358472 = 300000+50000+8000+400+70+2$$
$$=3\times(99999+1)+5\times(9999+1)+8\times(999+1)$$
$$+4\times(99+1)+7\times(9+1)+2$$
$$=9\times(33333+5555+888+44+7)$$
$$+(3+5+8+4+7+2),$$

可见 358472 与 $3+5+8+4+7+2$ 相差的是 9 的倍数，用 9 来除，余数当然一样。

求余数的实质，是从被除数里去掉除数的倍数。抓住这一点，你就能发现另外一些求余数的方法：

除数是 3 时，求余数的方法和除数是 9 时求余数的方法完全一样。如求 425 除 3 余几可换成求 $4+2+5$ 除 3 余几。

除数是 4 时，可以用被除数的最右边的两位数代替原数，并且可以去掉个位数里含的 4 和十位数里含的 2。例如，369257 除以 4 的

余数和 57 除以 4 一样。5 里面有两个 2，去掉后是 1；7 里面有一个 4，去掉后是 3；用 4 除 13 余 1，故 369257 用 4 除余 1。

如果用符号代替语言，能把求余数的方法表达得更简单：

两个数用 9 除时余数一样，就说这两个数"模 9 同余"。"模"，就是个标准。若 a 和 b 是模 9 同余的话，就可记成 $a \equiv b \pmod 9$，或更简单地记成 $a \overset{(m9)}{=\!=\!=} b$，例如 $28 \overset{(m9)}{=\!=\!=} 10$。类似地，还有模 8 同余、模 7 同余、模 10 同余、模 236 同余，都可以。这种式子叫同余式，例如 $10 \overset{(m8)}{=\!=\!=} 2$，$34 \overset{(m7)}{=\!=\!=} -1$，$25 \overset{(m5)}{=\!=\!=} 0$，等等。

模相等的同余式两端可以相加、相减、相乘，这种性质就像等式一样。

用一下同余式的写法和运算规律，能把用 9 作除数时的余数计算方法说得又简单又明白，因为

$$10 \overset{(m9)}{=\!=\!=} 1, \tag{1}$$

两端自乘得

$$100 \overset{(m9)}{=\!=\!=} 1, \tag{2}$$

再用（1）×（2）得 $1000 \overset{(m9)}{=\!=\!=} 1$，其余类推。因而

$$358472 \overset{(m9)}{=\!=\!=} 3+5+8+4+7+2 \overset{(m9)}{=\!=\!=} 3+8 \overset{(m9)}{=\!=\!=} 2。$$

下面介绍一下用 6，7，8，11，13 几个数作除数时余数的简便求法，请你自己用同余式的运算规律来说明，或者不用同余式，直接用普通的算术式子说明。

　　除数是 6 时，求余数是几可以把被除数的个位数字与其余各位数字之和的 4 倍相加，用得数代替原来的被除数。在运算当中，大于 6 的数字可以减去 6。例如，问 897635 用 6 除余几？可以用 $4 \times (8 + 9 + 7 + 6 + 3) + 5 \xrightarrow{\text{(m6)}} 4 \times (2 + 3 + 1 + 0 + 3) + 5 \xrightarrow{\text{(m6)}} 4 \times (2 + 1) + 5$ 来代替 897635，即用 17 代替原数，所以余数是 5。

　　除数是 7 时，可以把被除数这样变小：

个位数字 + (3 × 十位数字 + 2 × 百位数字 − 千位数字) − (3 × 万位数字 + 2 × 十万位数字 − 百万位数字) + (3 × 千万位数字 + 2 × 亿位数字 − 十亿位数字) − (3 × 百亿位数字 + …)。

如要问 3986452 用 7 除余几，可计算：

$$2 + (3 \times 5 + 2 \times 4 - 6) - (3 \times 8 + 2 \times 9 - 3)。$$

在计算过程中，比 7 大的数可减去 7，比 7 小的数也可加上 7，便得：

$$2 + (1 + 2) - (3 + 1) = 1,$$

所以这个数用 7 除余 1。

　　除数是 8 时，只要看个位、十位和百位，计算如下：

$$个位数字 + 2 \times 十位数字 + 4 \times 百位数字,$$

用计算结果代替原来的被除数。例如，要问一个数 6705493 用 8 除余几，只要看 493。对 493 处理的方法是：$3 + 2 \times 9 + 4 \times 4$，记住有 8 就去掉，计算结果可得 $3 + 2 + 0 = 5$，即余数为 5。

　　除数为 11，求余数的方法特别简单，只要计算：

$$个位数字 - 十位数字 + 百位数字 - 千位数字 + …$$

算出来如果是负数，可以加上 11 的倍数使它变成正的。例如求

34357 用 11 除余几，只要求

$$7 - 5 + 3 - 4 + 3 = 4,$$

就知道它用 11 除余 4。

　　除数为 13，求余数的方法和除数为 7 时类似，计算方法是：

　　个位数字 $-3 \times$ 十位数字 $-4 \times$ 百位数字 $-$ 千位数 $+3 \times$ 万位数字 $+$ $4 \times$ 十万位数字 $+$ 百万位数字 $-3 \times$ 千万位数字 $-4 \times$ 亿位数字 $-$ 十亿位数字 $+\cdots$

计算过程中，可以把 13 去掉，也可以加上 13。

　　例如要问 893142 用 13 除余几，算法是：

$$2 - 3 \times 4 - 4 \times 1 - 3 + 3 \times 9 + 4 \times 8,$$

结果是 42，42 除以 13 余 3，就知道 893142 用 13 除余 3。

　　求以 14，15，16 作除数时的余数的简便算法，你知道吗？把上面介绍的方法中的道理弄通，你就能自己找出另一些方法了。

石子游戏与递归序列

现在来玩一种新鲜的石子游戏。

石子只有一堆，限定石子的颗数是奇数。

拿法也很简单：甲乙两人轮流拿，每人每次只许拿 1 颗或 2 颗，不许多拿，也不许不拿。

这么简单的游戏，有什么奥妙呢？

奥妙就在胜负的规则上。这规则是：当石子拿完之后，谁拿到手的石子总数是奇数，谁就是胜利者。

这样，当你考虑该拿多少石子时，不但要看剩下多少石子，还要看手里有多少石子。比方说，只剩下 2 颗石子时，恰好该你拿，你怎么做才能摘取这近在眼前的胜利之果呢？数一数手里的石子吧。手里是奇数，你就拿 2 颗；手里是偶数，当然拿 1 颗啦！

怎么找到取胜的诀窍呢？

我们已经有经验了：从最简单的情形入手研究，是掌握石子游戏规律的好办法，也是解数学题的一条基本法则。

只剩下 1 颗石子，先拿者胜。这说法对吗？粗想似乎不错。可是别忘了，胜负和手中的石子数还有关系呢！如果你手中有偶数颗石子（没有石子也算偶数颗石子），轮到你拿时，只有 1 颗石子，你当然胜了。如果不巧，你手中已有奇数颗石子，再拿 1 颗就成了偶数；而石子总数却是奇数，你拿到偶数，对方当然拿到奇数而获胜。

因此，不能把"只剩 1 颗石子"的局势简单地定性为"先拿者胜"，而应当具体地说成是"偶胜奇败"——先拿者手中有偶数颗石子则胜，有奇数颗则败。

如果是 2 颗石子，先拿者便能控制全局，稳操胜券。道理刚才已说过了：先拿者手中有偶拿 1 颗，手中有奇拿 2 颗。

这样，"只剩 2 颗石子"的情形，可以定性为"奇偶皆胜"。

进一步考虑剩 3 颗石子的局势。如果轮到你拿，你千万不要只拿 1 颗；只拿 1 颗，对方便面临"奇偶皆胜"的幸运场面了。如果你拿 2 颗呢？对方面临的是"偶胜奇败"的境地。在剩 3 颗石子的情形下，两人手中石子数之和为偶数，你手中石子数的奇偶性和对方相同，所以对于你，便是"奇胜偶败"了。因此，只有 3 颗石子的局势，叫做"奇胜偶败"。

4 颗石子的局面，你当然不能拿 2 颗，以免对方占据"奇偶皆胜"的制高点。拿 1 颗，对方是"奇胜偶败"。对于你，是不是又可以说是"偶胜奇败"呢？这回不行了。因为你已经拿了 1 颗石子，改变了自己手中石子数的奇偶性，所以对于你也是"奇胜偶败"。

剩下 5 颗石子时，你手里石子数的奇偶性和对方是一致的。如果你是偶数，对方也是偶数。不管你拿 1 颗或 2 颗，对方总会陷入"奇胜偶败"的绝境。反之，如果你手中的是奇数，对方也是奇数，不管你拿 1 颗或 2 颗，都要无可奈何地把"奇胜偶败"的有利局面拱手让人。

因此剩 5 颗石子的定性结论是"偶胜奇败"，和剩 1 颗石子的局面相同。

剩 6 颗石子的局势会不会又和剩 2 颗石子的局面一致呢？

果然不错。剩 6 颗时，两人奇偶相反。你手中是偶数时，取 1 颗，对方陷入"偶胜奇败"的境地；你拿到奇数时，取 2 颗，对方陷入"奇胜偶败"的境地！所以剩 6 颗和剩 2 颗一样，是"奇偶皆胜"！

是不是要继续分析还剩 7 颗、8 颗、9 颗石子的各种局面呢？看来不必了。剩 5 颗等于剩 1 颗，剩 6 颗等于剩 2 颗，剩 7 颗岂不是等于剩 3 颗了吗？如此循环，规律不就找到了吗？

是不是真的循环呢？

为了讨论起来简便，我们用字母代替语言。字母 B 代表"奇偶皆胜"（B 是 both 的第一个字母），O 代表"奇胜偶败"（O，即 odd，奇数），E 代表"偶胜奇败"（E，即 even，偶数）。

我们已经弄清了，剩下石子为 1、2、3、4、5、6 颗时，顺次出现的局势是 EBOOEB，所以猜想：接下去会继续循环，成为一组很有规律的排列，即 EBOOEBOOEBOO……

怎样从开始的 EBOOEB 推断出后面的一串呢？只要证明下列几条规律就够了。

1）若 EB 前面的字母个数为偶数，EB 之后必为 O，则 BO 前面有奇数个字母。

2）若 BO 前面的字母个数为奇数，BO 之后必为 O，则 OO 前面有偶数个字母。

3）若 OO 前面的字母个数为偶数，OO 之后必为 E，则 OE 前面有奇数个字母。

4）若 OE 前面的字母个数为奇数，OE 之后必为 B，则 EB 前面的字母个数为偶数。

一条接一条地应用这 4 条规律，周而复始，就能证实我们的猜想。

这 4 条规律证起来并不难。同学们不妨试着分析一下，这是很好的逻辑思维训练呢！

这样一列符号，后面的每项由前面相邻的几项所确定，在数学里叫做递归序列。这里每项仅仅由前两项确定，叫二阶递归序列。由有限个符号组成的递归序列，最后一定会出现循环。

牢牢记住 EBOO 这 4 个字母的顺序，只要你手中石子数的奇偶性符合面临局势的代表字母，你便能稳操胜券了。

什么叫符合？比方说，现在轮到你拿石子了。剩下的石子数目是 9，把 9 用 4 除余 1，4 个字母中第一个是 E，你面临的局势便为 E，E 代表偶数。如果你手中石子数恰是偶数，你便能胜利。

类似地，剩下的石子数目被 4 除余 2 时，你面临的局势为 B，奇偶皆胜！被 4 除余 3 或除尽时，你手中的石子数为奇数时才有取胜把握。

会正确地分析形势了，还要会选择正确的策略。否则，一个回合之后，有利的局面便会被对方夺去。

如何牢牢控制胜利的局面呢？记住下面几个要诀：

剩下的石子数是 4 的倍数时，取 1 颗；

剩下的石子数用 4 除余 3 时，取 2 颗；

剩下的石子数用 4 除余 1 时，取 1 颗、2 颗均可；

剩下的石子数用 4 除余 2 时，手中的石子数为奇数时取 2 颗，为偶数时取 1 颗，总之让自己手中的石子数凑成奇数。

按这几条要诀取石子，如果有了胜利局势，绝不会错过。如果最后输了，那说明你本来就没有得到有利形势；而且对方策略一直正确，所以你败而无憾。

还有两种最简单的情形，一开始就可以决出胜负。

如果石子总数是 $m = 4k + 1$，先拿的必可取胜。取胜之道是：先拿 2 颗，以后对方拿几颗，你也拿几颗，最后自然胜利。

如果石子总数是 $m = 4k + 3$，后拿的必可取胜。取胜之道是：对方拿几颗，你也拿几颗。

要是一开始你不知道这个诀窍，那就只有按前面的 4 条要诀行动，静观其变，等待对方犯错误了。

最后这两条简单的取胜方法，道理何在呢？作为习题，请你动动脑筋。

（答案：如果石子总数是 $4k + 3$ 颗（3，7，11，…），对方先拿。你的拿法是：他拿多少，你拿多少。这样每一个回合，剩下的石子减少 4 颗或 2 颗，最后可能剩下 3 颗或 1 颗。如果剩3 颗，说明两人一共拿了 $4k$ 颗，每人都有 $2k$ 颗。你手中是偶数，该他拿，无论如何，你总能拿到 3 颗中的 1 颗。如果剩 1颗，说明每人手中已有 $2k+1$ 颗石子，最后一颗是他的，他当然输了。

如果石子总数是 $4k+1$ 颗（5，9，13，…），你先拿。拿掉2 颗之后，石子数变成 $4(k-1)+3$ 颗，就回到刚才研究过的情形了。)

镜子里的几何问题

　　用一面镜子照照自己。如果镜子太小，你就看不见自己的整张面孔。换一面大点的镜子，可以看见整个头部了，还能看见自己的上半身。如果想看到全身，镜子还得再大点。

　　这时，一位同学从你背后走来。你在镜子里看到了他；看到的居然不是半身，而是全身！这有点怪。为什么看不到自己的全身呢？

　　也许是因为离镜面近了些吧，所以看不见全身。现在你离远一点，结果还是不行。不管你离镜子多远，你所看到的镜子里的你，仍然是你自己的一部分。

　　要想看到自己的全身，镜子要再大一些。要多大才行呢？

　　是不是要和你一样高呢？其实不用那么大。镜子的高度有你身高的一半就行了。

　　道理很简单。看看下页图 1 – 42，AB 是你，镜子里的你是 $A'B'$，镜面是 PQ。你离镜面多远，镜子里的你离镜面也是那么远。你站直了，镜子里的你也站直了。镜子直立着，所以 PQ 和 $A'B'$ 是平行的。你的眼睛是 E，P 是线段 EA' 的中点，Q 是 EB' 的中点。平面几何里有一条十分有用的定理：三角形两边中点连成的线段，长度是第三边的一半。所以 PQ 应当是 $A'B'$ 的一半，也就是你身高的一半。再小，你的视线就过不去了。

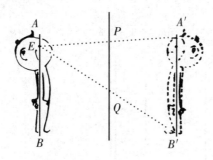

图 1 - 42

要是你斜靠在一块板上，如图 1 - 43，情况就不同了。E 点仍是眼睛，这时 PQ 就比 $A'B'$ 的一半大。你要是倒过来，头朝下斜靠着，D 是眼睛，镜子的长 MN 可以比 $A'B'$ 的一半小。不过，你肯定不喜欢这么照镜子。

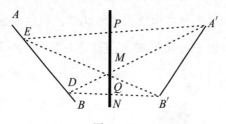

图 1 - 43

为什么你能看见镜子里的同学呢？看下页图 1 - 44 就明白了。这一次 AB 和 $A'B'$ 表示你的同学和他的镜中像。E 还是你的眼睛。你看，PQ 比 $A'B'$ 的一半要小多了。你的同学离镜子越远，你的眼睛离镜面越近，所需的镜子长度 PQ 越小。利用相似三角形的几何知识，只要知道了你的同学到镜面的距离和你自己到镜面的距离，就很容易求出 PQ 与 AB 的比。事实上：

$$\frac{E \text{到镜面距离}}{E \text{到镜面距离} + AB \text{到镜面距离}} = \frac{PQ}{AB}。$$

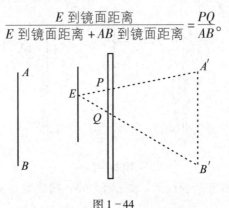

图 1 - 44

如果你房间的墙上有一面大镜子，你走动时，镜中的你也在走动；你朝他走去，他就向你走来。你沿着墙走，他跟着你走。当你走到墙角，如果墙角是由两面大镜子构成，就会发生一个有趣的现象：在镜子里，恰在墙角的地方，有你的影像。不管你怎样走动，镜角里的你总在镜角处。把角缝比作一株树的树干，那镜里的你现在不但不跟你走，反而在和你捉迷藏。你向左动一动，他向右动一动；你向右，他又向左。他总躲在"树"后，使你、他和树保持在一条直线上（如图 1 - 45）！

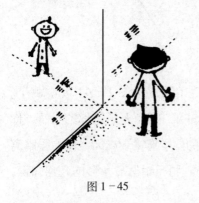

图 1 - 45

原来，在角上的影像，是两次镜面反射的结果。如图 1 - 46，物

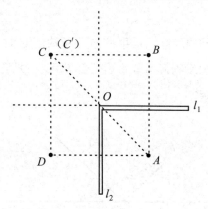

图 1 - 46

体 A 在镜子 l_1 里成像为 B，B 又在镜子 l_2 里二次成像为 C。另一方面，A 在镜子 l_2 里成像为 D，D 在镜子 l_1 里又二次成像为 C'，C' 的位置恰与 C 重合。不管 A 的位置如何变动，$ABCD$ 始终是一个长方形，而长方形的中心 O 就是镜子所成的角棱与地面的交点。物体 A 与镜中镜的像连成的直线一定要通过点 O，怪不得你的镜中像一直躲在角棱的后面！

通常照镜子，你的右手在镜中是你的左手。但在镜角处，却不是这样。你的右手在镜中仍是你的右手。这是两次反射的结果。

在图 1 - 46 中，物体 A 和镜中像 B 一起组成轴对称图形，直线 l_1 是对称轴；而 A 和 C 则组成中心对称图形，O 是对称中心。

从图形 A 变成图形 B，这种变换叫做反射；确切地说，叫做关于直线 l 的反射。如果考虑的不是平面情形，而是空间情形，l 实际

上不是直线，它代表平面——镜面，便说图形 A 经过平面 l 的反射变成图形 B。

有不少几何问题，能用反射的技巧解决。图 1 – 47 是一个简单的例子：从 A 点出发到河边取水后回到 B 点（设河边是直线 l），怎样走使总路程最短？

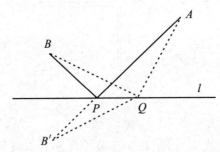

图 1 – 47

解法很简单：以 l 为轴把 B 反射过去成为 B'。连结直线 AB' 和 l 交于 P，P 点就是最短路程的取水处。要不，换一点 Q 比一比就知道了。

用反射的方法也能解决相当难的几何问题。有名的法格乃诺问题，就可以用反射法解决。

法格乃诺是 18 世纪意大利数学家。他提出的问题是：

设 △ABC 是锐角三角形。在 3 边上各取一点 X、Y、Z，怎样使 △XYZ 周长最小？

设 Z 是 AB 边上任一点。以 BC 为轴线把 Z 反射过去成为 H，以 AC 为轴线把 Z 反射过去成为 K（图 1 – 48）。直线 HK 和 BC、AC 分

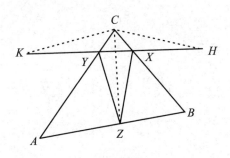

图 1 - 48

别交于 X、Y，因此

$$ZX + XY + YZ = HX + XY + YK = HK。$$

所以，以 Z 为一个顶点的内接三角形中，$\triangle XYZ$ 周长最短（只要再找任两点 X_1、Y_1 比一下就知道了）。

刚才是固定了 Z 来思考的。如果 Z 在变化，怎样使 $\triangle XYZ$ 周长最短呢？这个问题请你思考一下。

从这个问题我们可以证得一个有名的定理：锐角三角形周长最短的内接三角形是它的垂足三角形。

在"代"字上做文章

代数比算术高明，高明在一个"代"字上。用字母来代替数，会使我们大开眼界。

用字母表示未知数，我们就有了解应用题的有力武器——方程。

用字母表示任意数，我们就有了各种各样的公式、恒等式、不等式。

在解题的时候，如果你对"代"字深有体会，适当"代"一下，往往可以收到意想不到的效果。

有这样一道题：

例 1 已知方程 $ax^2 + bx + c = 0$（a、$c \neq 0$）的两根为 x_1、x_2，试写出以 $\dfrac{1}{x_1}$、$\dfrac{1}{x_2}$ 为两根的二次方程。

这道题有多种解法。有的同学老老实实用公式求出 x_1、x_2，再算出 $\dfrac{1}{x_1}$、$\dfrac{1}{x_2}$，并利用 $\left(x - \dfrac{1}{x_1}\right)\left(x - \dfrac{1}{x_2}\right)$ 展开找到所要的方程。有的同学不用解方程的方法，而用韦达定理求出：

$$\frac{1}{x_1} + \frac{1}{x_2} = \frac{x_1 + x_2}{x_1 x_2} = -\frac{b}{a} \div \frac{c}{a} = \frac{-b}{c};$$

$$\frac{1}{x_1} \cdot \frac{1}{x_2} = \frac{1}{x_1 x_2} = \frac{a}{c}。$$

然后用根与系数的关系写出要求的方程：

$$x^2 + \frac{bx}{c} + \frac{a}{c} = 0。$$

有的同学则更妙，用"代"的方法，设所要求的方程中的未知数为 y，则 y 与原方程中的 x 互为倒数，即 $x = \frac{1}{y}$。把它代入原方程，得到

$$a\left(\frac{1}{y}\right)^2 + b\left(\frac{1}{y}\right) + c = 0,$$

去分母得到

$$cy^2 + by + a = 0。$$

这就是 y 应当满足的二次方程！（注意，因为 a、$c \neq 0$，故 x、y 都不会是 0。）

　　用"代"的方法，我们还能解不少类似的题目。比如要作一个一元二次方程，使它的根是方程 $x^2 + 3x - 2 = 0$ 的根的 3 倍，怎么办？好办，设 $y = 3x$，则 $x = \frac{y}{3}$，代进去一整理，便得到 $\frac{y^2}{9} + y - 2 = 0$，也就是 $y^2 + 9y - 18 = 0$。这就是所求的方程。

　　要作一个二次方程，使它的两根分别是方程 $x^2 + px + q = 0$ 两根的平方，怎么办呢？只要设 $y = x^2$，则 $x = \pm\sqrt{y}$，同样可以代进去。但是，这样要用到根式，麻烦。可以变通一下，把原方程移项变成 $x^2 + q = -px$，两边平方得

$$(x^2)^2 + 2qx^2 + q^2 = p^2 x^2,$$

再用 $x^2 = y$ 代进去，得到方程 $y^2 + (2q - p^2)\, y + q^2 = 0$。

要是所求方程的两根分别是方程 $x^2 + px + q = 0$ 两根的立方，又该怎么办呢？

第一步：由原方程得

$$x^2 = -px - q。 \qquad (1)$$

两端乘 x，

$$x^3 = -px^2 - qx。 \qquad (2)$$

第二步：把（1）式代入（2）式右边的第一项里：

$$x^3 = -p(-px - q) - qx = (p^2 - q)x + pq,$$

也就是 $y = (p^2 - q)x + pq$，故 $x = \dfrac{y - pq}{p^2 - q}$，代到原方程里，就得到 y 应当满足的方程。要留心的是，用 $p^2 - q$ 作分母是不是合理？$p^2 - q$ 什么时候是0？

"代"，对解方程也有帮助。一位学物理的大学生，碰到一个方程可以化成四次方程，但是很麻烦，可把他给难住了。我们来看看这个方程：

例2 证明方程 $\dfrac{1}{x^2} + \dfrac{1}{(x-a)^2} = \dfrac{1}{b^2}$ 的根，在任何条件下全是实的。

要是直接进行有理化，就成了一个四次方程。如果仔细观察一下，把分母的样子变得对称一些，便会给解题带来方便。

设 $x = y + \dfrac{a}{2}$，代进原方程就是：

$$\frac{1}{\left(y+\frac{a}{2}\right)^2}+\frac{1}{\left(y-\frac{a}{2}\right)^2}=\frac{1}{b^2},$$

这样的方程去分母后变成：

$$2y^2+\frac{a^2}{2}=\frac{1}{b^2}\left(y^2-\frac{a^2}{4}\right)^2。$$

这是一个特殊形式的四次方程，用代换 $y^2=z$ 可以化成二次方程。下一步怎么做，你一定会了。最后的解答是：$\Delta=a^2+b^2\geqslant0$，即什么条件下方程的根都是实的。

像这样用代换使式子出现对称形的方法，用处可不小。例如，要证明当 $0\leqslant x\leqslant1$ 时，有不等式 $x(1-x)\leqslant\frac{1}{4}$，就可以设 $x=\frac{1}{2}+y$，因为 $0\leqslant x\leqslant1$，故 $-\frac{1}{2}\leqslant y\leqslant\frac{1}{2}$，把 $x=\frac{1}{2}+y$ 代入：

$$x(1-x)=\left(\frac{1}{2}+y\right)\left(\frac{1}{2}-y\right)=\frac{1}{4}-y^2\leqslant\frac{1}{4},$$

一下子便出来了。

用"代"的方法还可以从一个平平常常的事实出发，推出一些有用的、不那么明显的式子。例如，若 A 是实数，总有 $A^2\geqslant0$，用 $A=x-y$ 代入，得 $(x-y)^2\geqslant0$，展开之后便是 $x^2-2xy+y^2\geqslant0$，也就是 $x^2+y^2\geqslant2xy$。当 $xy>0$ 时，把 xy 除过来便是

$$\frac{x}{y}+\frac{y}{x}\geqslant2,$$

这就不很明显了。如果在不等式 $x^2+y^2\geqslant2xy$ 中，用 $x^2=a$，$y^2=b$ 代

入，便得 $\dfrac{a+b}{2} \geq \sqrt{ab}$，这就是用处很多的"平均不等式"！

刚才说的都是用字母代替字母，有时在一个公式里用数代替字母也有用处。一位同学在分解因式时，把公式

$$x^3 + y^3 = (x+y)(x^2 - xy + y^2)，$$

错记成

$$x^3 + y^3 = (x+y)(x^2 + xy - y^2)。$$

他觉得不对，但是又不能肯定，便设 $x=0$，$y=1$ 代进去试，发现左边是 1，右边是 -1，马上肯定是错了。

但是要注意，这样验证公式，如果两端相等，并不能断定公式没记错。比如，如果他设 $x=1$，$y=0$ 代进去，两边都是 1，也就发现不了错误。比较可靠的方法是，用字母代替记不准的地方，比方写成：

$$x^3 + y^3 = (x+y)(x^2 + axy + by^2)，$$

设 $x=0$，$y=1$ 代入，可求得 $b=1$。又设 $x=1$，$y=1$ 代入，得

$$2 = 2 \times (1 + a + 1)$$

所以　　　　　　　　　　　$a = -1。$

这样就把公式找回来了。

这个办法对记公式、恒等式很有用。

总之，"代"的方法，用处很广。它可以把已知与未知联系起来，把普遍与特殊联系起来，把复杂的式子变得简单而易于观察，把平凡的事实弄得花样翻新便于应用。在学代数、解代数题时，不要忘了在"代"字上多做文章。

第二篇　面积方法随笔

再生的证明

　　一根磁铁棒截为两段，在截断的地方，会产生两个新的极，变成两根磁铁棒（图2－1）。

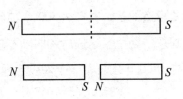

图2－1

　　一条蚯蚓截为两段，在截断的地方，会长成两个肛门，变成两条蚯蚓①（图2－2）。

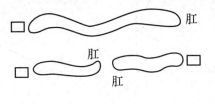

图2－2

　　有人把这种现象叫做"再生"。

---

① 此事引自恩格斯《自然辩证法》，作者以为，蚯蚓似应为水蛭。存疑以待指正。

　　一个几何定理的证明，把图形砍掉一半，从剩下的半个图形里，还能找出这个定理的证明吗？如果可以，我们不妨把它叫做"再生的证明"。

　　勾股定理，是几何学的一块重要的基石。它的证法多达 300 余种。最古老的证法，出自我国古代无名数学家之手。如图 2–3，巧妙地利用一大一小两个正方形的面积之差，一举奏效。这种证法变种极多，影响甚广。按图 2–3 而作的证法，众所周知，这里不赘言。

　　为科普小品津津乐道的是，在多达 300 余种勾股定理的证法中，居然有一个出自美国总统之手。这位总统叫加菲尔德，于 1881 年当选为美国总统。他在 1876 年发表了一个勾股定理的证法，具体如图 2–4 所示。

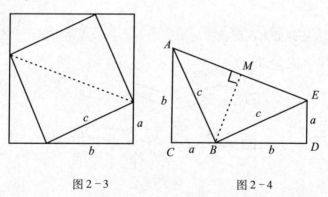

图 2–3　　　　　　　　　图 2–4

　　在直角三角形 *ABC* 的斜边上作等腰直角三角形 *BAE*，其中 *BA* 和 *BE* 为两腰。过 *E* 作直线 *CB* 的垂线，交线段 *CB* 的延长线于 *D*。

容易证明△ABC≌△BED，故 $BC = ED$，$AC = BD$。用 a、b、c 表示 BC、AC、AB 3 边之长，则

$$梯形 AEDC 的面积 = \frac{1}{2}(a+b)^2,$$

$$△ABC 面积 = △BED 面积 = \frac{1}{2}ab,$$

$$△BAE 面积 = \frac{1}{2}c^2。$$

于是得

$$\frac{1}{2}(a+b)^2 = \frac{1}{2}ab + \frac{1}{2}c^2 + \frac{1}{2}ab,$$

整理一下，便得到 $a^2 + b^2 = c^2$。

不少资料都提到过这位总统先生的证法，但未见有人指出：这是一个"再生的证明"。读者不难发现：把图 2-3 沿虚线剪掉上方的一半，剩下的便是图 2-4。不但如此，就连证明的过程，每一步都是古老的中国证法所用等式的"一半"——等式两端同乘 $\frac{1}{2}$ 所得的等式！你看，梯形面积是图 2-3 中大正方形之半，等腰直角三角形 BAE 是图 2-3 小正方形之半，两个全等的三角形是图 2-3 中 4 个三角形之半！

图 2-4 再剪掉一半，是不是还能成为"再生的证明"的图呢？

有趣的是：果然不错。

在图 2-4 中过 B 作一条垂直于 AE 的虚线，沿虚线把右边的一半剪掉，便得到图 2-5。以图 2-5 为基础，可得勾股定理的下列证

明：

我们在直角三角形 ABC 的斜边 AB 上作等腰直角三角形 MAB，其中 $MA = MB$；自 M 向直线 AC 和 BC 引垂线，垂足分别为 Q 和 P。不妨设 $a \leqslant b$。

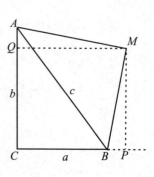

图 2-5

因 $AC \perp BC$，可得 $PM \perp QM$，从而 $\angle AMQ = \angle BMP$；再由 $MA = MB$，得知 $\triangle AMQ \cong \triangle BMP$，由此可证 $PMQC$ 是正方形。由 $AQ = BP$，可求得此正方形边长

$$PC = CB + BP = AC - AQ = \frac{1}{2}(a + b)。$$

于是显然有

四边形 $ACBM$ 面积 = 正方形 $PMQC$ 面积 = $\frac{1}{4}(a + b)^2$，

$\triangle MAB$ 面积 = $\frac{1}{4} \times$（边长为 c 的正方形面积）= $\frac{1}{4}c^2$，

$\triangle ABC$ 面积 = $\frac{1}{2}ab$。

$$\therefore \qquad \frac{1}{4}(a + b)^2 = \frac{1}{2}ab + \frac{1}{4}c^2，$$

整理化简，得到 $a^2 + b^2 = c^2$。这又是一个证明。

证明虽然再生了，但并不理想。这个证明不如总统的证法简洁，总统的证法不如中国古老的证法明快，可说是"一代不如一代"，再生之后，质量退化了！

退化的原因，大概是"近亲"繁殖，缺乏新鲜血液吧！两次再生过程，都不过是面积折半，如法炮制，没有新的思想注入。

能不能使再生的证明质量超过上一代呢？

再生，不一定非得把图形砍掉一半不可。壁虎尾巴脱落后可以再长一条出来，海星的部分肢体可以长成又一个小海星，这些也是再生。证明中所用的图形，取其部分，以构成新的证明，也不妨称之为再生的证明。

图 2-6 大家很熟悉。它表明了古希腊数学家毕达哥拉斯的一种证法，也是欧几里得《几何原本》中所载的勾股定理的证法。现行教材中，也普遍介绍了这个证法：$\triangle ABM$ 的面积是正方形 $AMNC$ 之半，$\triangle AFC$ 的面积是矩形 $ADEF$ 之半，又 $\triangle ABM \cong \triangle AFC$，可见正方形 $AMNC$ 面积等于矩形 $ADEF$ 面积。同理，正方形 $BCKP$ 面积等于矩形 $BGED$ 面积，证明就完成了！

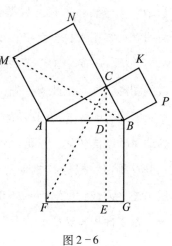

图 2-6

这个证明的出发点，是在直角三角形 ABC 三边上各作正方形，证明斜边上的正方形是两腰上正方形面积之和。但在证明过程中，又是把每个正方形各取其半来比较的。

既然各取其半可以，各取 $\dfrac{1}{3}$ 也可以；各取 $\dfrac{1}{n}$ 可以，各取其 n 倍也可以！最方便的是取怎样的一部分呢？

在以 AB 为边的正方形上，附贴了一个 $\triangle ABC$；在以 BC 为边的正方形上，附贴了 $\triangle CBD$；以 AC 为边的正方形上，附贴了 $\triangle ACD$。这样，就形成了 3 个彼此相似的三角形。由相似性，每个正方形面积和它边上附贴的三角形面积之比都一样。想证明两个小正方形面积之和等于大正方形，只要证明两个小三角形（$\triangle CBD$ 和 $\triangle ACD$）面积之和等于 $\triangle ABC$ 面积。

这样，干脆把 3 个正方形剪掉，留下 A、B、C、D 这 4 个点构成的图形，便可以此为基础，再生出一个漂亮的证法：

如图 2−7，自 $\triangle ABC$ 的直角顶点 C 向斜边 AB 作高 CD。易证 $\triangle ABC$、$\triangle CBD$ 和 $\triangle ACD$ 相似。根据"相似三角形面积与对应边之平方成正比"，设 $k>0$，可得

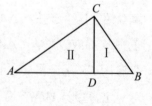

图 2−7

$\triangle$ I 面积 $= kBC^2$，

$\triangle$ II 面积 $= kAC^2$，

$\triangle ABC$ 面积 $= kAB^2$。

再由

$\triangle$ I 面积 $+\triangle$ II 面积 $=\triangle ABC$ 面积，

即得 $\qquad\qquad BC^2 + AC^2 = AB^2$。

以图 2−6 为根据，还可以得到一个不用面积关系的证法。通常

教科书上也有介绍，这里不赘言。

在毕达哥拉斯的证明中，是用 $\triangle ABM$ 来代表正方形 $AMNC$ 的一半。如果干脆用对角线把这个正方形剖开，取其一半作代表岂不更好？好，连 AN，把 AC 边上的正方形分开了。为了把 BC 边上正方形的一半凑过来，我们不用对角线来分它，而是翻一下：在 AC 上取点 I 使 $CI = CB$。这样，$\triangle BIC$ 面积是 BC 边上正方形之半，$\triangle ANC$ 是 AC 边上正方形之半，它们两个三角形凑在一起是凹四边形 $ANBI$，它的面积是不是 AB 边上的大正方形之半呢？

果然不错，如图 $2-8$，$\triangle ABC \cong \triangle NIC$，因此 $NI = AB = AJ + BJ$，注意到 $NI \perp AB$，便有

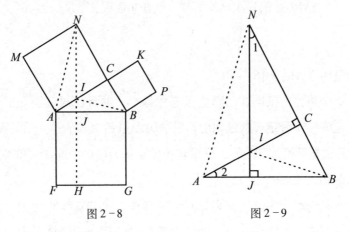

图 2-8　　　　　　　图 2-9

$$\triangle AIN \text{ 面积} = \frac{1}{2} NI \times AJ,$$

$$\triangle BIN \text{ 面积} = \frac{1}{2} NI \times BJ。$$

两式相加，便知凹四边形面积确是 AB 边上大正方形之半。这是毕氏证法的一个变种。

把这 3 个正方形去掉两个半，只剩下 A、B、C、N、I、J 这几个点，如图 2－9，又可得到一个再生的证明：

设直角三角形 ABC 的两腰 $BC \leqslant AC$。延长 BC 至 N 使 $CN = AC$，在 AC 上取 I 使 $CI = BC$，则 $\triangle ABC \cong \triangle NIC$，故 $NI = AB$。

延长 NI 交 AB 于 J，由 $\angle 1 = \angle 2$ 知 $NJ \perp AB$，因而，

$$凹四边形 ANBI 面积 = \frac{1}{2}NI \times AB = \frac{1}{2}AB^2。$$

另一方面又有：

$$ANBI 面积 = \triangle ACN 面积 + \triangle BCI 面积$$

$$= \frac{1}{2}AC^2 + \frac{1}{2}BC^2。$$

这就证明了 $AB^2 = AC^2 + BC^2$。

这个再生的证明，已隐去了它的原形，并且比原证明更简洁明快。在许多勾股定理的证明中，它应该说是最简单的了。因为图 2－7 的证法要用相似三角形，需要较多的准备，而这个证法只用到全等三角形和三角形内角和定理。

在几何教学中，一题多证，一例多变，是启迪学生思维，活跃学习气氛的有效方法之一。对几个重要的定理、例题或习题，从一种解法演化出几种解法，往往比分别孤立地介绍几种解法更易引起学生的思维共鸣，对学生的帮助更大。因为它着眼于几何图形的联系与变化，引导学生从学习走向创造。

用面积法证明
三角形相似的判定条件

两三角形相似的判定条件，是初中几何重要内容。如能提供不同的证法，作为学生课外兴趣小组的活动材料，则可提高他们的学习兴趣，加深对所学内容的理解。

从学生早已知道的"三角形面积等于底乘高之半"出发，可以得到三角形相似判定条件十分简捷的证法。

先提出一个平凡而又有用的命题：

共角定理　△ABC 和△$A'B'C'$中，∠A = ∠A'，则

$$\frac{\triangle ABC\ 面积}{\triangle A'B'C'面积} = \frac{AC \times AB}{A'C' \times A'B'}。$$

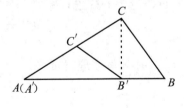

图 2 - 10

证明：不妨设∠A 与∠A'重合，如图 2 - 10。由三角形面积公式

可知"共高三角形面积之比等于其底之比",因而

$$\frac{\triangle ABC \text{ 面积}}{\triangle A'B'C' \text{面积}} = \frac{\triangle ABC \text{ 面积}}{\triangle A'B'C \text{ 面积}} \cdot \frac{\triangle A'B'C \text{ 面积}}{\triangle A'B'C' \text{面积}} = \frac{AB}{A'B'} \cdot \frac{AC}{A'C'} \text{。}$$

由共角定理,立刻得到

三角形相似判定条件之一　若在 $\triangle ABC$、$\triangle A'B'C'$ 中,$\angle A = \angle A'$,$\angle B = \angle B'$,则 $\triangle ABC \backsim \triangle A'B'C'$。

证明:由已知条件,根据共角定理可知(注意,$\angle C = \angle C'$):

$$\frac{\triangle ABC \text{ 面积}}{\triangle A'B'C' \text{面积}} = \frac{AB \times AC}{A'B' \times A'C'} = \frac{AB \times BC}{A'B' \times B'C'} = \frac{AC \times BC}{A'C' \times B'C'},$$

$$\therefore \quad \frac{AC}{A'C'} = \frac{BC}{B'C'} = \frac{AB}{A'B'} \text{。}$$

$$\therefore \quad \triangle ABC \backsim \triangle A'B'C' \text{。}$$

三角形相似判定条件之二　若 $\triangle ABC$、$\triangle A'B'C'$ 中,$\angle A = \angle A'$,且有 $\dfrac{AC}{A'C'} = \dfrac{AB}{A'B'}$,则 $\triangle ABC \backsim \triangle A'B'C'$。

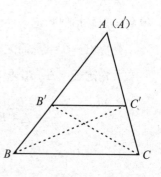

图 2－11

证明:如图 2－11,设 $\angle A$ 与 $\angle A'$ 重合,记

$\dfrac{AC}{A'C'} = \dfrac{AB}{A'B'} = k$,则由共角定理(或直接由三角形面积公式)可得

$$\frac{\triangle ABC' \text{面积}}{\triangle ABC \text{ 面积}} = \frac{A'C'}{AC} = \frac{1}{k} = \frac{A'B'}{AB} = \frac{\triangle ACB' \text{面积}}{\triangle ABC \text{ 面积}},$$

$\therefore \qquad \triangle ABC'$面积 $= \triangle ACB'$面积。

$\therefore \qquad \triangle BCB'$面积 $= \triangle BCC'$面积。

$\therefore \qquad BC /\!/ B'C'$。

$\therefore \qquad \angle B = \angle B', \quad \angle C = \angle C'$。

由判定条件之一可知两三角形相似。

判定条件之三，容易从前两个条件推出来，和通常证法是一样的。

三角形相似判定条件之三　在 $\triangle ABC$ 和 $\triangle A'B'C'$ 中，若 $\dfrac{BC}{B'C'} = \dfrac{AC}{A'C'} = \dfrac{AB}{A'B'}$，则 $\triangle ABC \backsim \triangle A'B'C'$。

证明： 不妨设 $\dfrac{AB}{A'B'} = k > 1$，如图 2-12，在 AB 上取 D，

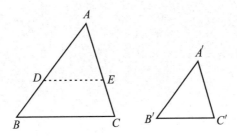

图 2-12

在 AC 上取 E，使 $AD = A'B'$，$AE = A'C'$。由三角形相似判定条件之二可知 $\triangle ABC \backsim \triangle ADE$，因而

$$\frac{BC}{DE} = \frac{AB}{AD} = \frac{AB}{A'B'} = k = \frac{BC}{B'C'}\text{。}$$

可得 $\qquad DE = B'C'$ ，

∴ $\qquad \triangle A'B'C' \cong \triangle ADE$ 。

∴ $\qquad \angle A = \angle A'$ 。

再用判定条件之二，即知 $\triangle ABC \backsim \triangle A'B'C'$ 。

用面积法解几个数学竞赛题

数学竞赛试题，通常是有一定难度的。有趣的是，其中有些几何题，运用面积关系来解，竟显得平淡无奇了。说来也巧，在 1982 年国际数学奥林匹克竞赛、我国 1983 年省市自治区联合数学竞赛、1983 年全俄数学竞赛中，连续出现了这类可用面积关系来解的题目。这几个题目表面各不相同，但技巧十分相似。放在一起分析一下，颇得教益。

我们按题目的难易，由简到繁来分析。

例1（1983 年全俄数学竞赛试题） 如图 2-13，凸五边形 $ABCDE$ 的对角线 CE 交对角线 BD、AD 于 F、G，已知 $BF:FD=5:4$，$AG:GD=1:1$，$CF:FG:GE=2:2:3$。试求 $\triangle CFD$ 与 $\triangle ABE$ 的面积之比。

解：设 $\triangle CFD=4S$，由 $BF:FD=5:4$ 得 $\triangle CFB=5S$。又由 $CF:FG=2:2$ 得

$$\triangle BGD=\triangle BCD=\triangle CFD+\triangle CFB=9S。$$

由 $CF:GE=2:3$ 得

$$\triangle EGD=\frac{3}{2}\triangle CFD=6S。$$

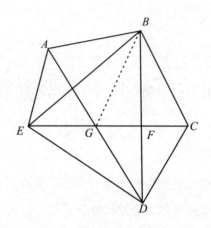

图 2-13

由 $CF : FE = CF : (FG + GE) = 2 : 5$ 得

$$\triangle BDE = \frac{5}{2} \triangle BCD = \frac{45}{2} S 。 \tag{1}$$

由 $AG : GD = 1 : 1$ 得

$$\triangle ABD + \triangle ADE = 2 \triangle BGD + 2 \triangle EGD = 30S 。 \tag{2}$$

（2）-（1）得

$$\triangle ABE = \triangle ABD + \triangle ADE - \triangle BDE = \frac{15}{2} S 。 \tag{3}$$

所以

$$\triangle CFD : \triangle ABE = 4S : \frac{15}{2} S = 8 : 15 。$$

　　整个解题过程，没有任何深奥之处，只是反复使用小学生也知道的事实：共高三角形面积之比等于底之比。这个事实虽然简单，但许多中学生在解题时常常不注意它。特别在类似此题中推出（1）用到

$$\frac{\triangle BDE}{\triangle BCD}=\frac{FE}{FC}$$

时，往往看不出来。其实，这不过是由

$$\frac{\triangle DEF}{\triangle DCF}=\frac{FE}{FC},\quad \frac{\triangle BEF}{\triangle BCF}=\frac{FE}{FC}$$

简单地合并得到的。这种化面积比为线段比的手法用处很大，可以
总结为：

共边定理　若直线 PQ 交直线 AB 于 M，则

$$\frac{\triangle PAB}{\triangle QAB}=\frac{PM}{QM}。$$

这里 P，Q，A，B 有各种不同的位置关系（如图 $2-14$），其中
右边两图所示情形，最易被忽略。

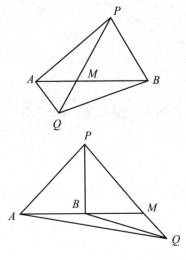
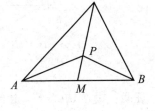
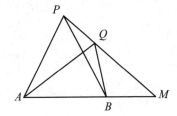

图 $2-14$

以上解题过程中，如果说还有一点技巧的话，那就是推出（3）时把 $\triangle ABE$ 面积表示成另外几个三角形面积的代数和。这种把一块面积表示成两块或几块的和差的手段，是用面积关系解题时最基本的方法，应当反复体会、运用。

例 2（1983 年我国省市自治区联合数学竞赛题） 如图 2-15，在四边形 $ABCD$ 中，$\triangle ABD$，$\triangle BCD$，$\triangle ABC$ 的面积比是 $3:4:1$，点 M，N 分别在 AC，CD 上，满足 $AM:AC=CN:CD$，并且 B，M，N 3 点共线。求证：M 与 N 分别是 AC 与 CD 的中点。

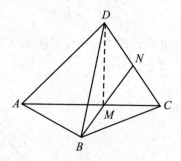

图 2-15

证明：设 $\triangle ABC=S$，由 $\triangle ABD:\triangle BCD:\triangle ABC=3:4:1$ 可得

$$\triangle ABD=3S,\quad \triangle BCD=4S,$$

因而得

$$\triangle ACD=\triangle ABD+\triangle BCD-\triangle ABC=6S。$$

记 $\dfrac{AM}{AC}=\dfrac{CN}{CD}=k$，则有

$$\triangle BCN:\triangle BCD=CN:CD=k,$$

即 $\qquad \triangle BCN = k \triangle BCD = 4kS$ 。 $\qquad\qquad$ (1)

同理，由

$$\triangle BCM : \triangle BCA = CM : AC = (AC - AM) : AC$$
$$= 1 - k,$$

得

$$\triangle BCM = (1 - k) \triangle BCA = (1 - k)S \text{。} \qquad\qquad (2)$$

类似地

$$\triangle NCM = k \triangle MCD = k(1 - k) \triangle ACD$$
$$= k(1 - k) \cdot 6S \text{。} \qquad\qquad (3)$$

由 B，M，N 共线可得

$$\triangle BCN = \triangle BCM + \triangle NCM \text{。} \qquad\qquad (4)$$

将（1），（2），（3）代入（4）得关于 k 的方程：

$$4k = (1 - k) + 6k(1 - k),$$

化简得 $\qquad 6k^2 - k - 1 = 0$ 。 $\qquad\qquad$ (5)

解方程（5）求得 $k = \dfrac{1}{2}$ 或 $k = -\dfrac{1}{3}$，由于题设 M、N 分别在 AC、CD

上，故 $k = -\dfrac{1}{3}$ 不合题意。所以 $k = \dfrac{1}{2}$，即 M、N 分别是 AC、CD 之

中点。

　　这个题比例 1 多了一个技巧：利用面积关系（4）列出方程（5）以确定未知数 k。如果认准了这个方向，其他各个步骤都是自然而然的：仍然是反复使用"共高三角形面积之比等于底之比"这个平凡的事实，以及面积的分块计算法。许多参加比赛的同学在这

个题上丢了分，这说明他们对用面积解题不熟悉。

下一个题本质上和例 2 是一样的，只是没有事先给出答案，有关的数据也没有明显给出来，要解题人自己去找。

例 3（1982 年国际数学奥林匹克竞赛试题）如图 2-16，正六边形 *ABCDEF* 的对角线 *AC* 和 *CE* 分别被内点 *M*、*N* 分成比例为 *AM* : *AC* = *CN* : *CE* = *r* 的两段，如果 *B*、*M*、*N* 3 点共线，求 *r*。

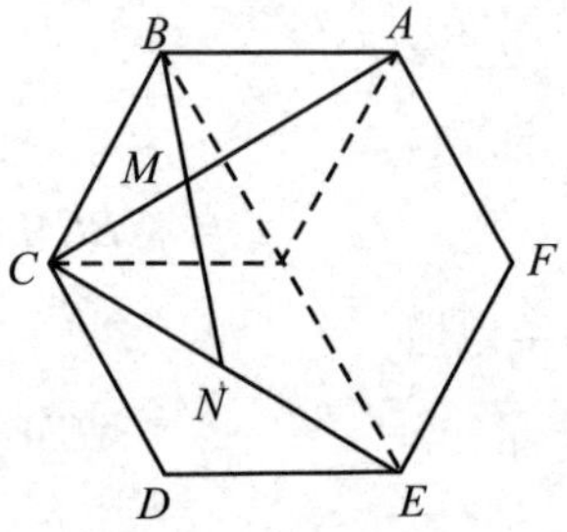

解：根据题设 *B*、*M*、*N* 3 点共线，可以列出"面积方程"：

$$\triangle BCN = \triangle BCM + \triangle MCN。 \tag{1}$$

然后，就要把（1）化成关于未知数 *r* 的方程来求 *r*。容易看出：

$$\triangle BCM : \triangle BCA = CM : CA$$

$$= (CA - AM) : CA$$

$$= 1 - \frac{AM}{AC} = 1 - r,$$

即

$$\triangle BCM = (1 - r) \triangle ABC。 \tag{2}$$

根据正六边形的性质，易知：

$$\triangle ACE = 3 \triangle ABC, \quad \triangle BCE = 2 \triangle ABC,$$

从而

$$\triangle BCN = \triangle BCE \cdot \frac{CN}{CE} = r \cdot \triangle BCE = 2r \triangle ABC。 \tag{3}$$

同理

$$\triangle NCM = r \triangle ECM = r(1 - r) \triangle ACE$$

$$= 3r(1 - r) \triangle ABC。 \tag{4}$$

图 2-16

把（2），（3），（4）代入（1）得

$$2r = 3r(1-r)+(1-r),$$

化简后得

$$3r^2 - 1 = 0,$$

解得 $r = \pm\dfrac{1}{\sqrt{3}}$，舍去负根，得 $r = \dfrac{1}{\sqrt{3}}$。

在例2、例3中解方程所得的负根，也都是有几何意义的。例3中如果设 M，N 外分线段 AC，CE，则当 B，M，N 共线时，对应的外分比就是 $r = -\dfrac{1}{\sqrt{3}}$；例2中对应的外分比则为 $k = -\dfrac{1}{3}$。

例2和例3中，还有一点值得注意，那就是"B，M，N 3点共线"这个条件用面积关系

$$\triangle BCN = \triangle BCM + \triangle MCN \qquad (*)$$

来表示。这也是用面积法证明3点共线时常用的表示方法。例如，例3中如先设 $k = \dfrac{1}{\sqrt{3}}$，则可以把"B，M，N 3点共线"改为要证的结论。证明的方法，就是验证一下等式（*）成立。

这样看，3个例子已涉及了用面积法解题的好几个基本手法。最后，顺便提一个小题目。

例4（第34届美国中学数学竞赛试题）如图 2–17 所示的 $\triangle ABC$ 的面积为 10，与 A，B，C 不重合的 3 点 D，E，F 分别落在边 AB，BC，CA 上，且 $AD = 2$，$BD = 3$。若 $\triangle ABE$ 和四边形 $DBEF$ 有相同的面积，求这个面积。

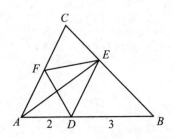

图 2－17

解： 由于△ABE 和四边形 $DBEF$ 面积相等，故

$$\triangle AEF = S_{ABEF} - \triangle ABE$$

$$= S_{ABEF} - S_{DBEF}$$

$$= \triangle ADF,$$

从而 $AF /\!/ DE$，故

$$BE : EC = 3 : 2,$$

即得

$$\triangle ABE = \frac{BE}{BC} \cdot \triangle ABC = \frac{30}{5} = 6。$$

这个小题目，补充了一点用面积法解题的技巧：要证 $AF /\!/ DE$，只要证明 $\triangle AEF = \triangle ADF$ 就可以了。

三角园地的侧门

人们常把数学比做万紫千红的花园，那么，也许可以说，"定义"就是花园的入口或门户吧。在学习"三角函数"这一部分时，定义所起的作用尤其明显。平平淡淡的一个直角三角形，似乎没有多少文章可做。但是，平地起波澜，正弦、余弦、正切、余切的定义一旦建立，立刻导出了一连串的公式、定理。利用它们解一些几何题，会势如破竹般得心应手。

同学们学到这部分，常常会提出：这些定义从何而来？为什么这样定义就有用？能不能把定义改一改？

对此，教师常常无法给出满意的回答，只有强调让学生牢记定义，在应用中体会定义之妙。

其实，三角学作为数学大花园中的一个小花园，并不是只有一个入口。它有正门，也有侧门。常用的定义是正门；另外，还有许多不同的定义方法，好比侧门。有时，从侧门而入，还能更方便地观赏那些奇花异草哩！目前教科书所选取的正门，往往是历史留下的习惯之路，但不一定是最方便之门。

下面，我们介绍三角函数的另外两种引入方法。这些方法，作为学生课外研究内容，可以开阔眼界、启迪思路、增加趣味。

往下看时，请暂时忘记通常的三角函数定义。

用圆的弦长定义正弦

有人想知道正弦的"弦"字是什么意思，下面的定义也许可以算是一个解答吧。

定义 1　在直径为 1 的圆中，圆周角 α 所对的弦长，叫做角 α 的正弦，记作 $\sin \alpha$（图 2 - 18）。

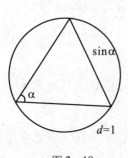　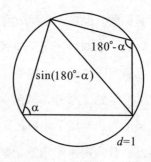

图 2 - 18　　　　　　　　图 2 - 19

由于在同圆内，相等的圆周角对等弦，所以定义是合理的。由定义 1 立刻推出

正弦性质：

（1）$\sin \alpha$ 对 0°到 180°之间的一切 α 有定义。$\sin 0° = \sin 180° = 0$，而对 $0° < \alpha < 180°$，有 $\sin \alpha > 0$。

（2）因为 90°的圆周角所对的弦为直径，故得 $\sin 90° = 1$。

（3）由圆内接四边形对角互补可知 α 和（$180° - \alpha$）的正弦相等（图 2-19），即 $\sin(180° - \alpha) = \sin \alpha$。

（4）把圆的直径和弦按比例放大成为原来的 d 倍，可知在直径为 d 的圆中，圆周角 α 所对的弦长 $\alpha = d\sin \alpha$。亦即在任意圆中，若长为 α 的弦所对之圆周角为 α，则：

$$\frac{\alpha}{\sin \alpha} = 圆的直径 d。$$

（5）作为（4）的直接推论，有正弦定理：在任意 $\triangle ABC$ 中，以 a、b、c 记角 A、B、C 之对边长，d 记 $\triangle ABC$ 外接圆直径，则有

$$\frac{a}{\sin A} = \frac{b}{\sin B} = \frac{c}{\sin C} = d。$$

（6）若 $\triangle ABC$ 中 C 为直角，由上述正弦定理可知

$$\sin A = \frac{a}{c}, \quad \sin B = \frac{b}{c}。$$

可见，当 α 为锐角时，定义 1 引入的正弦和通常定义是一致的。α 为钝角时，由诱导公式可知两种定义仍然一致。

现在，我们还只引进了正弦。我们还可以利用正弦引入余弦，进而引入正切和余切。

定义 2 若 $0° \leqslant \alpha \leqslant 90°$，我们把 α 的余角的正弦简称为 α 的余弦，记作 $\cos \alpha$，即

$$\cos \alpha = \sin(90° - \alpha);$$

若 $90° < \alpha \leqslant 180°$，则定义 α 的余弦为：

$$\cos \alpha = -\sin(\alpha - 90°)。$$

如果我们定义负角的正弦 $\sin(-\alpha) = -\sin\alpha$ 的话（$0° \leqslant \alpha \leqslant 180°$），$\cos\alpha$ 的定义可统一为：

$$\cos\alpha = \sin(90° - \alpha)。$$

定义 3　若 $\alpha \neq 90°$，且 $0° \leqslant \alpha \leqslant 180°$，约定

$$\tan\alpha = \frac{\sin\alpha}{\cos\alpha}$$

叫做 α 的正切。若 $0° < \alpha < 180°$，约定

$$\cot\alpha = \frac{\cos\alpha}{\sin\alpha}$$

叫做 α 的余切。

根据定义，不难验证熟知的公式 $\tan\alpha\cot\alpha = 1$ 以及 $\tan(90° - \alpha) = \cot\alpha$，$\tan\alpha = \cot(90° - \alpha)$，以及 C 为直角时，$\triangle ABC$ 中 $\cos A = \dfrac{b}{c}$，$\cos B = \dfrac{a}{c}$，以及 $\tan A = \dfrac{a}{b}$，等等。

按照我们这里的定义系统，导出重要的正弦和角公式是相当方便的：

正弦和角公式　α，β 为锐角时，

$$\sin(\alpha + \beta) = \sin\alpha\cos\beta + \cos\alpha\sin\beta。$$

证明：如图 $2-20$，设 $\angle A = \alpha + \beta$，作过 A 之直径为 1 的圆，交 $\angle A$ 的两边及 α、β 之分界线于 B、D、C，则由定义及圆周角定理，以及余弦性质有：

$$\sin(\alpha + \beta)$$

$= BD = BE + ED$

$= BC\cos \beta + DC\cos \alpha$

$= \sin \alpha\cos \beta + \cos \alpha\sin \beta。$

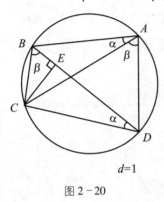

$d=1$

图 2 – 20

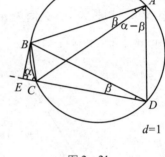

$d=1$

图 2 – 21

值得注意的是，这里我们不像通常教科书上的证明那样要求（α + β）为锐角。事实上，稍作一些讨论，读者不难看到，上述论证可推广到（α + β）在 0° 到 180° 之间的一般情形。差角公式完全可以类似地导出（如图 2 – 21），只要注意到

$$\sin(\alpha - \beta) = CD = DE - CE$$

即可。然后，可利用和差角公式定义任意角的正弦，进而定义任意角的其他三角函数，并导出普遍的和差角公式、和差化积公式等等。

在正弦和角公式中取 $\alpha + \beta = 90°$ 的特例，立刻得到 $\sin^2\alpha + \cos^2\alpha = 1$；但我们这里没有利用勾股定理，而是给了勾股定理一个新的证法。

用菱形面积定义正弦

下面的定义看来似乎颇为奇特，但它极为方便，易于掌握。

定义 4　边长为 1，夹角为 α 的菱形的面积，定义为 α 的正弦，记作 $\sin \alpha$（图 2－22）。

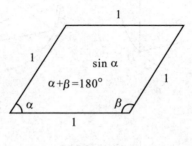

图 2－22

立刻推出：

（1）$\sin \alpha$ 对 0°到 180°间的一切 α 有定义。$\sin 0° = \sin 180° = 0$，对 $0° < \alpha < 180°$，有 $\sin \alpha > 0$。

（2）$\alpha = 90°$ 时，按定义 $\sin 90°$ 是单位正方形面积，故 $\sin 90° = 1$。

（3）因菱形中两个不相对的角是互补的，故当 $\alpha + \beta = 180°$ 时，有 $\sin \alpha = \sin \beta$，即

$$\sin(180° - \alpha) = \sin \alpha。$$

（4）利用我们熟知的从正方形面积计算导出矩形面积公式的方法，可以把平行四边形面积和菱形面积联系起来。如图 2－23，若平

行四边形有一角为 α，其夹边为 a、b，则平行四边形之面积为：

$$S_{\square} = ab\sin\alpha。$$

这里，我们略去了 a、b 为一般实数时的证明。若 a、b 都是有理数，这个公式的正确性很容易从 a、b 为整数的情况导出。

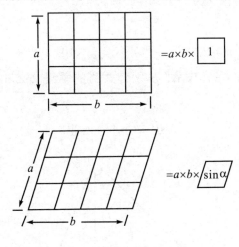

图 2-23

（5）把 $\triangle ABC$ 看成半个平行四边形，便导出了已知一角及两夹边求三角形面积的公式：

$$\triangle ABC = \frac{1}{2}bc\sin A = \frac{1}{2}ac\sin B = \frac{1}{2}ab\sin C。$$

把此式两边同用 $\frac{1}{2}abc$ 除，得到：

$$\frac{2\triangle ABC}{abc} = \frac{\sin A}{a} = \frac{\sin B}{b} = \frac{\sin C}{c},$$

也就是正弦定理。

（6）在正弦定理中，取 $\angle C = 90°$ 的特例，即得 $\sin A = \dfrac{a}{c}$，$\sin B = \dfrac{b}{c}$。说明定义 4 在 α 为锐角的情形下与通常定义一致。

至此，我们可以依照定义 2、定义 3 引入余弦、正切、余切的定义，兹不赘述。

（7）正弦和角公式证明也很简单。如图 2 – 24，设 α、β 为锐角，作 $\angle A = \alpha + \beta$，作 α，β 之公共边的垂线交 $\angle A$ 的两边于 B、C，则

$$\triangle ABC = \triangle \text{I} + \triangle \text{II},$$

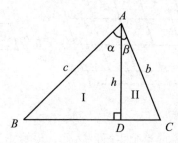

图 2 – 24

即　$\dfrac{1}{2}bc\sin(\alpha + \beta) = \dfrac{1}{2}ch\sin \alpha + \dfrac{1}{2}bh\sin \beta$。

两端用 $\dfrac{1}{2}bc$ 除，得

$$\sin(\alpha + \beta) = \dfrac{h}{b}\sin \alpha + \dfrac{h}{c}\sin \beta$$

$$= \sin \alpha\cos \beta + \cos \alpha\sin \beta。$$

差角公式也可以类似地证明。

（8）有趣的是，和差化积公式也可直接从面积关系得出来。如图 2-25，在等腰三角形 ABC 中，顶角 $A = \alpha + \beta$，AD 是高，设 $AB = AC = b$，$AE = l$，$AD = h$，则

$$\triangle ABC = \triangle ABE + \triangle ACE$$

$$= \frac{1}{2}bl(\sin \alpha + \sin \beta)。$$

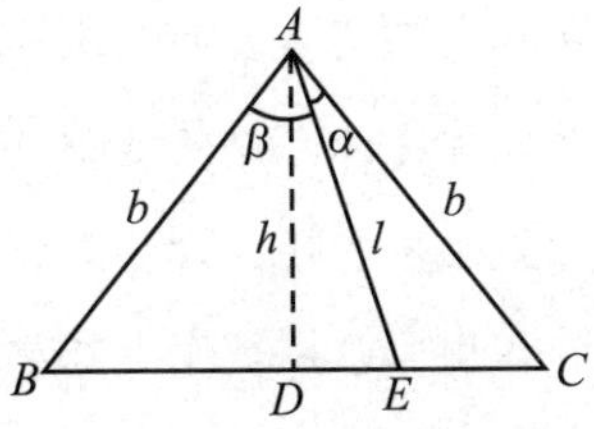

另一方面，

$$\triangle ABC = \frac{1}{2}h \cdot BC$$

$$= \frac{1}{2}l\cos \angle DAE \cdot 2b\sin \frac{1}{2}\angle BAC$$

$$= \frac{1}{2} \cdot 2bl\cos \frac{1}{2}(\beta - \alpha) \sin \frac{1}{2}(\alpha + \beta)，$$

$$\therefore \quad \sin \alpha + \sin \beta = 2\sin \frac{\alpha + \beta}{2}\cos \frac{\alpha - \beta}{2}。$$

图 2-25

这个证明，由于非常直观而便于记忆。

最后，我们指出，利用正弦定理和余弦与正弦的和差角公式，很容易导出余弦定理。这是我们前面一直没有给出余弦定理的原因。余弦的和差角公式，则可以根据我们的定义 2 及正弦的和差角公式改写而成。

事实上，由三角形内角和定理，在 $\triangle ABC$ 中，

$$\sin C = \sin(A + B) = \sin A\cos B + \cos A\sin B，$$

两端平方，

$$\sin^2 C = \sin^2 A\cos^2 B + \cos^2 A\sin^2 B + 2\sin A\sin B\cos A\cos B$$

$$= \sin^2 A + \sin^2 B - 2\sin^2 A\sin^2 B + 2\sin A\sin B\cos A\cos B$$

$$= \sin^2 A + \sin^2 B + 2\sin A\sin B\,(\cos A\cos B - \sin A\sin B)$$

$$= \sin^2 A + \sin^2 B + 2\sin A\sin B\cos(A + B)\,。$$

再用正弦定理及 $\cos(A + B) = -\cos C$，即得余弦定理。

除了以上两种定义方法外还可以从 $\sin x$ 与 $\cos x$ 所满足的和差公式出发，用公理化方法引入正余弦函数，或用幂级数定义正弦余弦，也可以用复变元指数函数定义正弦余弦。由于这些定义涉及较多的高等数学知识，这里就不多谈了。有兴趣的读者可参看有关的微积分学讲义。

正弦函数增减性的直观证明

这里利用面积包含关系，对 $\sin x$ 在 $\left[-\dfrac{\pi}{2}, \dfrac{\pi}{2}\right]$ 上的递增性，给出一个更直观、更简单的证法。

定理 若 $\alpha \geqslant 0$，$\beta > \alpha$，$\beta + \alpha < \pi$，则 $\sin \alpha < \sin \beta$。

证明： 如图 2 – 26，作一个顶角为 $\beta - \alpha$ 的等腰三角形 ABC，延长底边 BC 至 D 使 $\angle CAD = \alpha$，显然 $\triangle ABD > \triangle ACD$，利用已知两边及一夹角求三角形面积之公式，即得

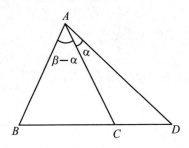

图 2 – 26

$$\frac{1}{2} AB \cdot AD \sin \beta > \frac{1}{2} AC \cdot AD \sin \alpha,$$

但 $AB = AC$，故得 $\sin \beta > \sin \alpha$。

当 $0 \leqslant \alpha \leqslant \beta \leqslant \dfrac{\pi}{2}$ 时，当然有 $\beta + \alpha < \pi$，从而 $\sin x$ 在 $\left[0, \dfrac{\pi}{2} \right]$ 上递增。由此及 $\sin(-x) = -\sin x$，易知 $\sin x$ 在 $\left[-\dfrac{\pi}{2}, 0 \right]$ 上也递增。

上述定理，也可以利用正弦定理及"三角形中大角对大边"来证；但用面积证法更为直截了当，不引用更多的命题，容易给学生留下牢固的记忆。

细心的读者会发现：图 2 - 26 实际上还告诉我们如何导出正弦函数的和差化积公式。因为

$$\triangle ABD - \triangle ACD = \triangle ABC,$$

也就是

$$\frac{1}{2} AB \cdot AD \sin \beta - \frac{1}{2} AC \cdot AD \sin \alpha = \frac{1}{2} AB \cdot BC \cdot \sin B。$$

但显然可见：

$$BC = 2AB \cos B = 2AB \sin \frac{\beta - \alpha}{2}。$$

$$AB \sin B = AD \sin D = AD \sin \left[\frac{\pi}{2} - \left(\alpha + \frac{\beta - \alpha}{2} \right) \right]$$

$$= AD \cos \frac{\alpha + \beta}{2},$$

代入，化简，即得。

这种证法会给学生留下深刻的印象。他只要画出图 2 - 26，便不难写出整个推导过程，比用和角公式更直接。

蝴蝶定理的新故事

这几年，人们对蝴蝶定理谈得可真不少：谈它的历史，谈它的多种证法，谈它的美妙变化。

那么，关于"蝴蝶"，还有什么新鲜东西值得一提吗？

一次，我与一位老朋友久别重逢。他问我："你知道等形中的蝴蝶定理吗？"老实说，我不知道。这位老朋友告诉了我这个定理，并且说，他希望有一个简单方法来证明。

这就引出了蝴蝶定理的新故事。

四边形里的蝴蝶定理

如果凸四边形 $ABCD$ 中，$AB = BC$ 而且 $CD = AD$，则称它为等形。因为它确像一只瓦片风筝，下页图 2–27 中画出了等形 $ABCD$。我们把对角线 AC 叫做等形的横架，BD 叫做等形的中线。

命题 1（等形蝴蝶定理）　如果 $ABCD$ 是以 BD 为中线的等形，过其对角线交点 M 作两直线分别与 AB、CD 交于 P、Q，与 AD、BC 交于 R、S，如下页图 2–27。连 PR、SQ 分别与横架 AC 交于 G、H，

则 $MG = MH$。

如利用三角知识，可给出一个简单证明：

筝形蝴蝶定理证法一　记 $MA = MC = a$，$MG = x$，$MH = y$，由面积关系及正弦定理可得：

$$\frac{x}{a-x} \cdot \frac{a-y}{y} = \frac{MG}{AG} \cdot \frac{CH}{MH}$$

$$= \frac{\triangle MPR}{\triangle APR} \cdot \frac{\triangle CQS}{\triangle MQS} = \frac{\triangle MPR}{\triangle MQS} \cdot \frac{\triangle CQS}{\triangle APR}$$

$$= \frac{MP \cdot MR}{MQ \cdot MS} \cdot \frac{CQ \cdot CS}{AP \cdot AR} = \frac{MP}{AP} \cdot \frac{MR}{AR} \cdot \frac{CQ}{MQ} \cdot \frac{CS}{MS}$$

$$= \frac{\sin \gamma}{\sin \alpha} \cdot \frac{\sin \delta}{\sin \beta} \cdot \frac{\sin \alpha}{\sin \delta} \cdot \frac{\sin \beta}{\sin \gamma} = 1,$$

式中 α，β，γ，δ 诸角如图 2 - 27 所示。整理得 $x(a-y) = y(a-x)$，由此推出 $ax = ay$，即 $x = y$。

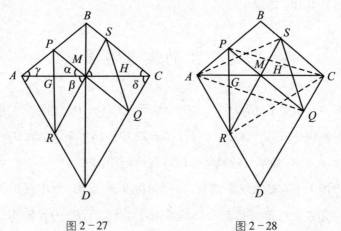

图 2 - 27　　　　　　　　图 2 - 28

上述证法回答了我那位老朋友想要一个简单证明的问题。但是，能不能更初等一些，不用三角函数与正弦定理就能证明呢？可以。请看：

筝形蝴蝶定理证法二 记 $MA = MC = a$，$MG = x$，$MH = y$，在上页图 2 - 28 中用面积关系可得：

$$\frac{x}{a-x} \cdot \frac{a-y}{y} = \frac{MG}{AG} \cdot \frac{CH}{MH}$$

$$= \frac{\triangle MPR}{\triangle APR} \cdot \frac{\triangle CQS}{\triangle MQS}$$

$$= \frac{MP \cdot MR}{MQ \cdot MS} \cdot \frac{CS \cdot CQ}{AP \cdot AR}$$

$$= \frac{\triangle APC}{\triangle AQC} \cdot \frac{\triangle ARC}{\triangle ASC} \cdot \frac{CS \cdot CQ}{AP \cdot AR}$$

$$= \frac{\triangle APC}{\triangle ASC} \cdot \frac{\triangle ARC}{\triangle AQC} \cdot \frac{CS \cdot CQ}{AP \cdot AR}$$

$$= \frac{AP \cdot AC}{CS \cdot AC} \cdot \frac{AR \cdot AC}{CQ \cdot AC} \cdot \frac{CS \cdot CQ}{AP \cdot AR} = 1。$$

下略。

上述两个证明中，都用到了 $AB = BC$，$AD = CD$ 这个条件。因为有了这个条件，才有 $\angle BAC = \angle BCA$，$\angle DAC = \angle DCA$。但从仿射几何观点看，命题的结论应当与角度无关，因而关于角度的条件似应能够取消。这么一想，便把筝形蝴蝶定理推广成了四边形蝴蝶定理：

命题 2（四边形蝴蝶定理） 设四边形 $ABCD$ 中对角线 AC、BD 交于 AC 之中点 M。如下页图 2 - 29，过 M 作两直线分别交 AB、DC

于 P、Q，交 AD、BC 于 R、S。连 PR、QS 分别交 AM、CM 于 G、H，则 $MG = MH$。

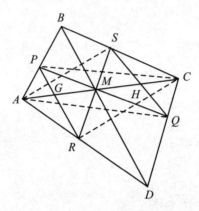

图 2－29

证明： 记 $MA = MC = a$，$MG = x$，$MH = y$，则有

$$\frac{x}{a-x} \cdot \frac{a-y}{y} = \frac{MG}{AG} \cdot \frac{CH}{MH} = \frac{\triangle MPR}{\triangle APR} \cdot \frac{\triangle CQS}{\triangle MQS}$$

$$= \frac{\triangle MPR}{\triangle MQS} \cdot \frac{\triangle CQS}{\triangle CBD} \cdot \frac{\triangle CBD}{\triangle ABD} \cdot \frac{\triangle ABD}{\triangle APR}$$

$$= \frac{MP \cdot MR}{MQ \cdot MS} \cdot \frac{CQ \cdot CS}{CD \cdot CB} \cdot \frac{MC}{MA} \cdot \frac{AB \cdot AD}{AP \cdot AR}$$

$$= \frac{\triangle PAC}{\triangle QAC} \cdot \frac{\triangle RAC}{\triangle SAC} \cdot \frac{\triangle QAC}{\triangle DAC} \cdot \frac{\triangle SAC}{\triangle BAC} \cdot \frac{MC}{MA} \cdot \frac{\triangle BAC}{\triangle PAC} \cdot \frac{\triangle DAC}{\triangle RAC}$$

$$= \frac{MC}{MA} = 1 \, 。$$

下略。

注意，条件 $MA = MC$ 是最后才用上的，这就马上得到了一个更广泛的结论：

命题 3（四边形蝴蝶定理的推广）　设 M 是四边形 $ABCD$ 的对角线的交点。如图 2－29，过 M 作两直线分别与 AB、CD 交于 P、Q，与 AD、BC 交于 R、S。连 PR、QS 分别与 MA、MC 交于 G、H，则

$$\frac{MG}{AG} \cdot \frac{CH}{MH} = \frac{MC}{MA}。$$

证明当然不用再写了。只要把前面的证法去头截尾留中段即可。

图 2－29 中 $ABCD$ 是凸四边形。如果是凹四边形、星状四边形呢？

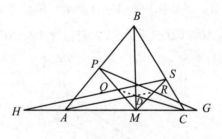

图 2－30

看看图 2－30，凹四边形 $ABCD$ 的两条对角线交于 M。过 M 作两直线分别交直线 AB、CD 于 P、Q，交直线 AD、BC 于 R、S。直线 PR、QS 分别与直线 AC 交于 G、H。那么，是不是仍然有等式

$$\frac{MG}{AG} \cdot \frac{CH}{MH} = \frac{MC}{MA}$$

成立呢？

有趣的是，可以依样画葫芦，一字不改地写出证明：

$$\frac{MG}{AG} \cdot \frac{CH}{MH} = \frac{\triangle MPR}{\triangle APR} \cdot \frac{\triangle CQS}{\triangle MQS}$$

$$= \frac{\triangle MPR}{\triangle MQS} \cdot \frac{\triangle CQS}{\triangle CBD} \cdot \frac{\triangle CBD}{\triangle ABD} \cdot \frac{\triangle ABD}{\triangle APR}$$

$$= \frac{MP \cdot MR}{MQ \cdot MS} \cdot \frac{CQ \cdot CS}{CD \cdot CB} \cdot \frac{MC}{MA} \cdot \frac{AB \cdot AD}{AP \cdot AR}$$

$$= \frac{\triangle APC}{\triangle AQC} \cdot \frac{\triangle ARC}{\triangle ASC} \cdot \frac{\triangle AQC}{\triangle ADC} \cdot \frac{\triangle ASC}{\triangle ABC} \cdot \frac{MC}{MA} \cdot \frac{\triangle ABC}{\triangle APC} \cdot \frac{\triangle ADC}{\triangle ARC}$$

$$= \frac{MC}{MA} \text{。}$$

再看图 2-31，星状四边形 $ABCD$ 的两对角线交于 M，过 M 作两直线分别与直线 AB、CD 交于 P、Q，与直线 AD、BC 交于 R、S。直线 PR、QS 分别交直线 AC 于 G、H。此时等式

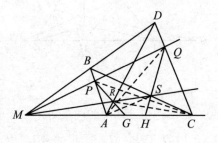

图 2-31

$$\frac{MG}{AG} \cdot \frac{CH}{MH} = \frac{MC}{MA}$$

是不是仍然成立呢？

请读者一步一步地检查，前述证明是否仍适合这种情形。结果应当是肯定的。

还有变化吗？如果在图 2－29 中，用直线 PS 与 RQ 代替 PR、QS，得到图 2－32，是否仍有等式

$$\frac{MG}{AG} \cdot \frac{CH}{MH} = \frac{MC}{AC}$$

成立？

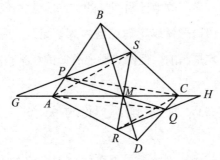

图 2－32

果然不错，但证法不能再如法炮制了。不过手法仍有点雷同：

$$\frac{MG}{AG} \cdot \frac{CH}{MH} = \frac{\triangle MPS}{\triangle APS} \cdot \frac{\triangle CRQ}{\triangle MRQ}$$

$$= \frac{\triangle MPS}{\triangle MRQ} \cdot \frac{\triangle CRQ}{\triangle APS} = \frac{MP}{MQ} \cdot \frac{MS}{MR} \cdot \frac{\triangle CPQ}{\triangle APS}$$

$$= \frac{\triangle PAC}{\triangle QAC} \cdot \frac{\triangle CPQ}{\triangle APS} \cdot \frac{MS}{MR}$$

$$= \frac{\triangle PAC}{\triangle APS} \cdot \frac{\triangle CPQ}{\triangle QAC} \cdot \frac{MS}{MR}$$

$$= \frac{BC}{BS} \cdot \frac{RD}{AD} \cdot \frac{MS}{MR}$$

$$= \frac{\triangle BMC}{\triangle BMS} \cdot \frac{\triangle DMR}{\triangle DMA} \cdot \frac{MS}{MR}$$

$$= \frac{\triangle BMC}{\triangle DMA} \cdot \frac{\triangle DMR}{\triangle BMS} \cdot \frac{MS}{MR}$$

$$= \frac{BM \cdot MC}{DM \cdot MA} \cdot \frac{DM \cdot MR}{BM \cdot MS} \cdot \frac{MS}{MR} = \frac{MC}{MA} \text{。}$$

有了这个证明过程作蓝本，把图 2-32 改成凹四边形或星状四边形，我们可以一字不改地证明同样的结论。读者不妨一试。

我们看到，四边形蝴蝶定理比圆内蝴蝶定理内容更丰富，变化更多。因为圆一定是凸的，但四边形还有凹的和星状的。

两种蝴蝶定理的关系

四边形蝴蝶定理的证明，启发我们用类似的手法去证明圆内蝴蝶定理。

命题 4（蝴蝶定理）如图 2-33，圆内三弦 AB、PQ、RS 交于一点 M，且 $MA = MB$。直线 PR、SQ 分别与 AB 交于 G、H。求证：

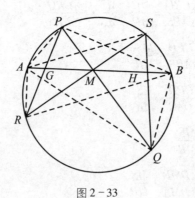

图 2-33

$MG = MH$。

下面的证法比传统的面积证法自然且简捷：记 $MA = MB = a$，$MG = x$，$MH = y$，则：

$$\frac{x}{a-x} \cdot \frac{a-y}{y} = \frac{MG}{AG} \cdot \frac{BH}{MH} = \frac{\triangle MPR}{\triangle APR} \cdot \frac{\triangle BQS}{\triangle MQS}$$

$$= \frac{\triangle MPR}{\triangle MQS} \cdot \frac{\triangle BQS}{\triangle BQA} \cdot \frac{\triangle BQA}{\triangle BRA} \cdot \frac{\triangle BRA}{\triangle PRA}$$

$$= \frac{MP}{MQ} \cdot \frac{MR}{MS} \cdot \frac{BS \cdot QS}{AB \cdot AQ} \cdot \frac{BQ \cdot AQ}{BR \cdot AR} \cdot \frac{AB \cdot BR}{AP \cdot PR}$$

$$= \frac{MP}{MQ} \cdot \frac{MR}{MS} \cdot \frac{BS \cdot BQ \cdot QS}{AR \cdot AP \cdot PR}°$$

注意到 $\frac{BS}{AR} = \frac{MS}{MA}$，$\frac{BQ}{AP} = \frac{MB}{MP}$，$\frac{QS}{PR} = \frac{MQ}{MR}$①，代入前式得

$$\frac{x}{a-x} \cdot \frac{a-y}{y} = \frac{MG}{AG} \cdot \frac{BH}{MH}$$

$$= \frac{MP}{MQ} \cdot \frac{MR}{MS} \cdot \frac{MS}{MA} \cdot \frac{MB}{MP} \cdot \frac{MQ}{MR} = \frac{MB}{MA} = 1，下略。$$

用这种手法，可给出大同小异的多种证法。例如：

$$\frac{x}{a-x} \cdot \frac{a-y}{y} = \frac{MG}{AG} \cdot \frac{BH}{MH} = \frac{\triangle MPR}{\triangle APR} \cdot \frac{\triangle BQS}{\triangle MQS}$$

$$= \frac{\triangle MPR}{\triangle MQS} \cdot \frac{\triangle BQS}{\triangle BQP} \cdot \frac{\triangle BQP}{\triangle AQP} \cdot \frac{\triangle AQP}{\triangle APR}$$

---

① 可利用相似三角形证明，也可用面积关系。例如：由

$$1 = \frac{\triangle MBR}{\triangle BSR} \cdot \frac{\triangle BSR}{\triangle BAR} \cdot \frac{\triangle BAR}{\triangle MBR} = \frac{MR}{SR} \cdot \frac{SR \cdot BS}{AB \cdot AR} \cdot \frac{AB}{BM} = \frac{BS \cdot MR}{AR \cdot BM}，得 \frac{BS}{AR} = \frac{BM}{MR}，下同。$$

$$= \frac{MP \cdot MR}{MQ \cdot MS} \cdot \frac{BS \cdot SQ}{PB \cdot PQ} \cdot \frac{MB}{MA} \cdot \frac{AQ \cdot PQ}{AR \cdot RP}$$

$$= \frac{MP \cdot MR}{MQ \cdot MS} \cdot \frac{BS}{AR} \cdot \frac{AQ}{PB} \cdot \frac{SQ}{RP} \cdot \frac{MB}{MA}$$

$$= \frac{MP \cdot MR}{MQ \cdot MS} \cdot \frac{MS}{MA} \cdot \frac{MA}{MP} \cdot \frac{MQ}{MR} \cdot \frac{MB}{MA} = \frac{MB}{MA} = 1。$$

注意到条件 $MA = MB$ 仅仅在最后一步才用上，我们便得到蝴蝶定理的推广：

命题 5　圆内三弦 AB、PQ、SR 交于 M。弦 PR 交 AB 于 G，QS 交 AB 于 H，则有：

$$\frac{MG}{AG} \cdot \frac{BH}{MH} = \frac{MB}{MA}。$$

如果 PR、QS 延长后分别交直线 AB 于 G、H，类似于图 2 - 32，则有：

命题 6（蝴蝶定理的变异）　圆内三弦 AB、PQ、SR 交于一点 M。PR、QS 延长后分别交直线 AB 于 G、H，则有

$$\frac{MG}{AG} \cdot \frac{BH}{MH} = \frac{MB}{MA}。$$

证明：如图 2 - 34，

$$\frac{MG}{AG} \cdot \frac{BH}{MH} = \frac{\triangle MPR}{\triangle APR} \cdot \frac{\triangle BQS}{\triangle MQS}$$

$$= \frac{\triangle MPR}{\triangle MQS} \cdot \frac{\triangle BQS}{\triangle BQA} \cdot \frac{\triangle BQA}{\triangle BRA} \cdot \frac{\triangle BRA}{\triangle APR}$$

$$= \frac{MP \cdot MR}{MQ \cdot MS} \cdot \frac{BS \cdot QS}{AB \cdot AQ} \cdot \frac{AQ \cdot BQ}{BR \cdot AR} \cdot \frac{AB \cdot BR}{AP \cdot PR}$$

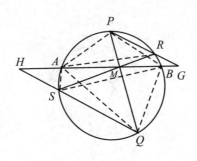

图 2－34

$$= \frac{MP}{MQ} \cdot \frac{MR}{MS} \cdot \frac{BS}{AR} \cdot \frac{BQ}{AP} \cdot \frac{QS}{PR}$$

$$= \frac{MP}{MQ} \cdot \frac{MR}{MS} \cdot \frac{MS}{MA} \cdot \frac{MB}{MP} \cdot \frac{MQ}{MR} = \frac{MB}{MA}。$$

对比一下命题 4 的证法，一字不差！

我们已经看到了两种蝴蝶定理证明方法上有相似之处。进一步问：它们本质上是不是一回事呢？

如图 2－35，圆内三弦 AB、PQ、RS 交于一点 M。直线 AP 与 BS 交于 X，直线 AR 与 BQ 交于 Y。如果直线 XY 经过 M，则圆上的蝴蝶也就成了四边形 $AXBY$ 上的蝴蝶。圆的蝴蝶定理不就成了四边形蝴蝶定理的特款了吗？

这猜测果然没错。我们有

命题 7 设圆内接凸六边形 $APSBQR$ 的 3 条对角线 AB、PQ、RS 交于一点 M。又设直线 AP、BS 交于 X，直线 AR、BQ 交于 Y（如图 2－35），则 X、M、Y 在一条直线上。

证明： 只要证明有

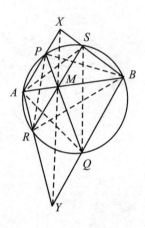

图 2 - 35

$$\frac{\triangle AXY}{\triangle BXY} = \frac{MA}{MB}$$

就可以了。（注意：我们现在还不知道 XY 是否经过 M！）事实上，由图 2 - 35 可得：

$$\frac{\triangle AXY}{\triangle BXY} = \frac{\triangle AXY}{\triangle APR} \cdot \frac{\triangle APR}{\triangle ABR} \cdot \frac{\triangle ABR}{\triangle ABQ} \cdot \frac{\triangle ABQ}{\triangle SBQ} \cdot \frac{\triangle SBQ}{\triangle BXY}$$

$$= \frac{AX \cdot AY}{AP \cdot AR} \cdot \frac{AP \cdot PR}{AB \cdot BR} \cdot \frac{AR \cdot BR}{AQ \cdot BQ} \cdot \frac{AB \cdot AQ}{BS \cdot QS} \cdot \frac{BS \cdot BQ}{BX \cdot BY}$$

$$= \frac{AX}{BX} \cdot \frac{AY}{BY} \cdot \frac{PR}{QS} = \frac{AS}{BP} \cdot \frac{AQ}{BR} \cdot \frac{PR}{QS}$$

$$= \frac{AS}{BR} \cdot \frac{AQ}{BP} \cdot \frac{RP}{QS} = \frac{MA}{MR} \cdot \frac{MQ}{MB} \cdot \frac{MR}{MQ} = \frac{MA}{MB} \text{。} \qquad \square$$

至此，我们在两种蝴蝶定理之间架起了一座桥梁。这是关于蝴蝶定理的新故事中最有趣的情节。

蝴蝶定理与巴斯卡定理

结合命题 7，我们想到：如果在图 2－35 中，去掉了 AB、PQ、RS 三弦交于一点这个条件，是不是仍有 X、Y、M 共线呢？这里 M 只是 PQ 与 RS 的交点。也就是说，我们想要：

命题 8 设圆内两弦 PQ、RS 交于一点 M，分别在弧 $\overset{\frown}{PR}$、$\overset{\frown}{SQ}$ 上取点 A、B。直线 AP、BS 交于 X，直线 AR、BQ 交于 Y，则 X、Y、M 3 点在同一直线上。

证明： 设 XY 与 PQ 交于 E，与 RS 交于 F，要证明的是 E 与 F 重合。为此，只要证明

$$\frac{EX}{EY}=\frac{FX}{FY}$$

即可。如图 2－36，有

$$\frac{EX}{EY}\cdot\frac{FY}{FX}=\frac{\triangle XPQ}{\triangle YPQ}\cdot\frac{\triangle YRS}{\triangle XRS}$$

$$=\frac{\triangle XPQ}{\triangle PAQ}\cdot\frac{\triangle PAQ}{\triangle PBQ}\cdot\frac{\triangle PBQ}{\triangle YPQ}\cdot\frac{\triangle YRS}{\triangle ARS}\cdot\frac{\triangle ARS}{\triangle BRS}\cdot\frac{\triangle BRS}{\triangle XRS}$$

$$=\frac{PX}{PA}\cdot\frac{PA}{PB}\cdot\frac{AQ}{BQ}\cdot\frac{BQ}{QY}\cdot\frac{RY}{AR}\cdot\frac{AR}{BR}\cdot\frac{AS}{BS}\cdot\frac{BS}{XS}$$

$$=\frac{PX}{XS}\cdot\frac{RY}{QY}\cdot\frac{AQ}{PB}\cdot\frac{AS}{BR}$$

$$=\frac{PB}{AS}\cdot\frac{BR}{AQ}\cdot\frac{AQ}{PB}\cdot\frac{AS}{BR}=1,$$

命题获证。☐

在图 2 - 36 中，我们故意让 M、E、F 3 点略微分开一点，便于叙述证明。如准确地画，这 3 点当然重合。

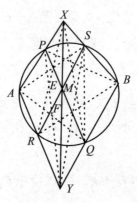

图 2 - 36

现在从更一般的观点看命题 8。我们不妨把 $ARSBQP$ 看成圆内接六边形。这个六边形不是凸的，而是星形的。它有一双对边 RS、QP 交于 M。另两双对边 AR 与 BQ 延长后交于 Y，AP 与 BS 延长后交于 X。这不恰好是巴斯卡定理的变种吗？

巴斯卡定理是 17 世纪著名的神童数学家巴斯卡提出来的。通常叙述为："若一六边形内接于一圆，则每两条对边所在直线相交所得的 3 点必共线。"上面命题 8 的证法，几乎可以一字不改地用于证明巴斯卡定理关于圆内接凸六边形的情形。如图 2 - 37，$ARSBQP$ 是圆内接凸六边形，要证明 X、Y、M 共线，即证明 E 与 F 重合，也就是证明 $\dfrac{EX}{EY} = \dfrac{FX}{FY}$。读者可以逐步检查上述证明是否适用于图 2 - 37 的情况。在图中，为便于叙述证明，我们有意略加误差，使 M、F、E 3 点分开。

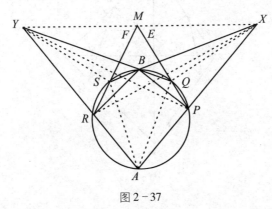

图 2－37

命题 9　设凸四边形 $AXBY$ 两对角线交于 M。在 MX 上任取一点 N。过 N 作两直线分别与 AX、BY 交于 P、Q，与 AY、BX 交于 R、S。连 PR、QS 分别与 AB 交于 G、H，且 RS、PQ 与 AB 交于 E、F，则

$$\frac{GE}{AG} \cdot \frac{BH}{HF} = \frac{BE}{AF}°$$

证明： 由图 2－38 可见：

$$\frac{GE}{AG} \cdot \frac{BH}{HF} = \frac{\triangle EPR}{\triangle APR} \cdot \frac{\triangle BQS}{\triangle FQS}$$

$$= \frac{\triangle EPR}{\triangle NPR} \cdot \frac{\triangle NPR}{\triangle NQS} \cdot \frac{\triangle NQS}{\triangle FQS} \cdot \frac{\triangle BQS}{\triangle BXY} \cdot \frac{\triangle BXY}{\triangle AXY} \cdot \frac{\triangle AXY}{\triangle APR}$$

$$= \frac{RE}{RN} \cdot \frac{PN \cdot RN}{SN \cdot QN} \cdot \frac{QN}{QF} \cdot \frac{BQ \cdot BS}{BY \cdot BX} \cdot \frac{MB}{MA} \cdot \frac{AX \cdot AY}{AP \cdot AR}$$

$$= \frac{RE \cdot PN}{QF \cdot SN} \cdot \frac{\triangle ABQ}{\triangle ABY} \cdot \frac{\triangle ABS}{\triangle ABX} \cdot \frac{MB}{MA} \cdot \frac{\triangle ABX}{\triangle ABP} \cdot \frac{\triangle ABY}{\triangle ABR}$$

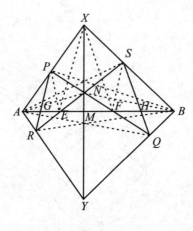

图 2－38

$$= \frac{RE}{QF} \cdot \frac{PN}{SN} \cdot \frac{\triangle ABQ}{\triangle ABP} \cdot \frac{\triangle ABS}{\triangle ABR} \cdot \frac{MB}{MA}$$

$$= \frac{RE}{QF} \cdot \frac{PN}{SN} \cdot \frac{QF}{PF} \cdot \frac{SE}{RE} \cdot \frac{MB}{MA} = \frac{PN}{PF} \cdot \frac{SE}{SN} \cdot \frac{MB}{MA}$$

$$= \frac{\triangle ANX}{\triangle AFX} \cdot \frac{\triangle BEX}{\triangle BNX} \cdot \frac{MB}{MA} = \frac{MA}{MB} \cdot \frac{BE}{AF} \cdot \frac{MB}{MA}$$

$$= \frac{BE}{AF} \circ \qquad\qquad \square$$

在特殊情形下，当 $AE = BF$ 时，有 $\dfrac{BE}{AF} = 1$，这推出 $GE = HF$。这是四边形蝴蝶定理的变异。回到圆上，把命题 8 与命题 9 结合起来，得到：

命题 10（蝴蝶定理的变异） 设圆内两弦 PQ 与 RS 交于 N，PQ、RS 分别与弦 AB 交于 F、E。弦 PR、SQ 分别与 AB 交于 G、H，

如图 2-39，则有

$$\frac{GE}{AG} \cdot \frac{BH}{HF} = \frac{BE}{AF}。$$

特别地，当 $BE = AF$ 时，有 $GE = HF$。

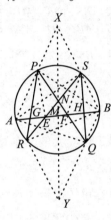

图 2-39

证明： 设直线 AP、BS 交于 X，直线 AR、BQ 交于 Y，由命题 8 知，X、Y、N 3 点共线。再用命题 9，即得所要结论。

命题 8，9，10 有大量的各式各样的变化与推广。在命题 8 中，可改变 A、R、Q、B、S、P 各点在圆上的顺序；命题 9 中可讨论比值 $\frac{MA}{MB}$，可考察 AQ、BR 的交点是否在直线 XY 上，还可以考虑 $AXBY$ 为凹四边形、星状四边形的情形；命题 10 中，可让 N 落在圆周上或圆外，还可考虑 $AP // BS$ 的情形。

若要直接证明命题 10 也可以，如图 2-39，可得：

$$\frac{GE}{AG} \cdot \frac{BH}{HF} = \frac{\triangle EPR}{\triangle APR} \cdot \frac{\triangle BQS}{\triangle FQS}$$

$$= \frac{\triangle EPR}{\triangle NPR} \cdot \frac{\triangle NPR}{\triangle NQS} \cdot \frac{\triangle NQS}{\triangle FQS} \cdot \frac{\triangle BQS}{\triangle BQA} \cdot \frac{\triangle BQA}{\triangle BRA} \cdot \frac{\triangle BRA}{\triangle APR}$$

$$= \frac{ER}{NR} \cdot \frac{NP \cdot NR}{NS \cdot NQ} \cdot \frac{NQ}{FQ} \cdot \frac{BS \cdot QS}{AB \cdot AQ} \cdot \frac{AQ \cdot BQ}{AR \cdot BR} \cdot \frac{BR \cdot AB}{AP \cdot RP}$$

$$= \frac{ER \cdot NP}{NS \cdot FQ} \cdot \frac{QS}{PR} \cdot \frac{BQ}{AP} \cdot \frac{BS}{AR}$$

$$= \frac{ER \cdot NP}{NS \cdot FQ} \cdot \frac{NS}{NP} \cdot \frac{FQ}{AF} \cdot \frac{BE}{ER} = \frac{BE}{AF} \circ$$

　　这就给出了圆上蝴蝶定理变异的一个直接的证明。这个证明可以变化出类似的好几种证法。

　　回顾全篇，我们反复运用了面积比与线段比的互化。正是由于从这个一般性的方法着手，我们才揭示出两种蝴蝶定理的关系，揭示出蝴蝶定理的变异。这些关系和方法，对笔者而言是新的；相信对绝大多数读者来说，也不是熟悉的知识。

　　由于古典几何文献浩如烟海，笔者知识所限，无法谈及这方面过去是否有人研究过，愿知者不吝赐教。

第三篇　课外天地

从正多边形一个有趣的性质谈起

正三角形有一个有趣的性质，也许不少老师和同学不曾注意到它，这就是：

命题 1 设 $\triangle ABC$ 是边长为 a 的正三角形，l 是和 $\triangle ABC$ 在同一平面上的直线。自 A、B、C 向 l 引垂线，垂足为 A'、B'、C'，则

$$A'B'^2 + B'C'^2 + C'A'^2 = \frac{3}{2}a^2。$$

简单地说：正三角形的 3 边在共平面的任一直线上投影的平方和是常数，即边长平方和之半。

证明： 不妨让 l 过 B 点而不通过 $\triangle ABC$ 的内部，且设 l 的正方向与 BC 绕行的逆时针方向成 θ 角（如图 3-1）。于是有：

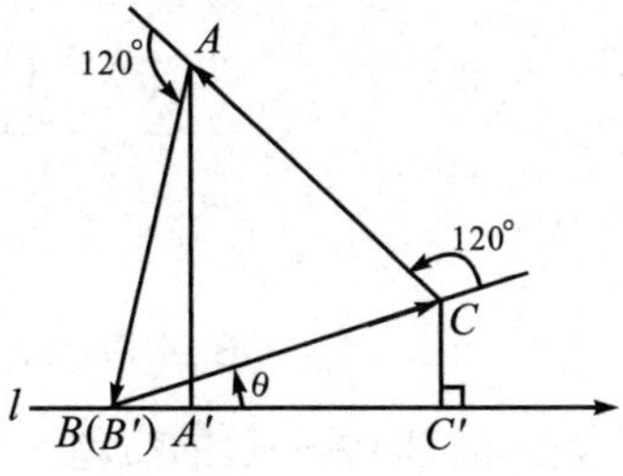

图 3-1

$$B'C'^2 + C'A'^2 + A'B'^2$$
$$= (a\cos\theta)^2 + [a\cos(\theta+120°)]^2 + [a\cos(\theta+240°)]^2$$

131

$$= a^2 \left\{ \frac{1}{2}(1 + \cos 2\theta) + \frac{1}{2} \left[1 + \cos(2\theta + 240°) \right] \right.$$

$$\left. + \frac{1}{2} \left[1 + \cos(2\theta + 480°) \right] \right\}$$

$$= \frac{a^2}{2} \left[3 + \cos 2\theta + \cos(2\theta + 240°) + \cos(2\theta + 120°) \right]$$

$$= \frac{a^2}{2} \left[3 + \cos 2\theta + \cos 2\theta \cdot \cos 120° + \cos 2\theta \cdot \cos 120° \right]$$

$$= \frac{3a^2}{2}。$$

　　这就给出了命题 1 的证明。大家自然会问，这个结果能不能推广到正 n 边形呢？利用三角函数的求和公式：

$$\sum_{k=0}^{n} \cos(\alpha + k\beta)$$

$$= \frac{\sin \left[\alpha + \left(n + \frac{1}{2} \right)\beta \right] - \sin \left(\alpha - \frac{\beta}{2} \right)}{2\sin \frac{\beta}{2}},$$

$$(\beta \neq 2m\pi, \ m = 0, \pm 1, \pm 2, \cdots)$$

很容易证明更一般的命题。

　　命题 2　设 $A_1 A_2 \cdots A_n$ 是正 n 边形，边长为 a，l 是和 $A_1 A_2 \cdots A_n$ 共面的任一直线，则此正 n 边形的诸边在 l 上的投影的平方和为 $\frac{n}{2}a^2$。

即若 A_k 的投影为 $A_k{}'$，则

$$A_1{}'A_2{}'^2 + A_2{}'A_3{}'^2 + \cdots + A_{n-1}{}'A_n{}'^2 + A_n{}'A_1{}'^2 = \frac{na^2}{2}。$$

证明： 取定 l 的一个方向，并设正多边形各边的方向是逆时针绕行的。设 l 的正向到 $\overrightarrow{A_1A_2}$ 的正向的夹角为 θ（如图3－2），则显然有：

$$A_1{}'A_2{}'^2 + A_2{}'A_3{}'^2 + \cdots + A_n{}'A_1{}'^2$$

$$= a^2 \sum_{k=0}^{n-1} \cos^2\left(\theta + \frac{2k\pi}{n}\right)$$

$$= a^2 \sum_{k=0}^{n-1} \frac{1}{2}\left[1 + \cos\left(2\theta + \frac{4k\pi}{n}\right)\right]$$

$$= \frac{a^2}{2}\left[n + \sum_{k=0}^{n-1}\cos\left(2\theta + \frac{4k\pi}{n}\right)\right]$$

$$= \frac{na^2}{2}。$$

这最后一步是利用了上述的求和公式。

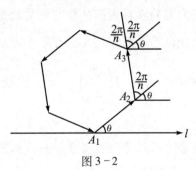

图 3－2

有了命题 1，命题 2 是容易猜到而且容易证明的。但如果同时考虑到正多边形的对角线，就不那么显然了。然而，对于最简单的情形——正方形，却有下列命题：

命题 3　正方形 $ABCD$ 边长为 a，A、B、C、D 在共面直线 l 上投影是 A'、B'、C'、D'，则

$$A'B'^2 + B'C'^2 + C'D'^2 + D'A'^2 + A'C'^2 + B'D'^2 = 4a^2。$$

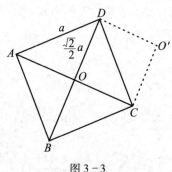

图 3 - 3

我们不用作具体的计算来证明命题 3，只要想一想：如图 3 - 3，把两条对角线从交点 O 处断开，经过平移，又凑成一个边长为 $\dfrac{\sqrt{2}}{2}a$ 的小正方形。大正方形对角线投影的平方和显然是小正方形 4 边投影平方和的两倍。由命题 2 可知，大正方形 4 边投影平方和为 $2a^2$，小正方形 4 边投影平方和为 $2\left(\dfrac{\sqrt{2}}{2}a\right)^2 = a^2$，这就证实了命题 3 的结论。

有了这种把正多边形对角线也凑成正多边形的方法，便不难得到下列命题：

命题 4　设 $A_1 A_2 \cdots A_n$ 是正 n 边形，l 是同平面上的任一条直线，A_k 在 l 上的投影是 $A_k{}'(k = 1, 2, \cdots, n)$。从 $A_1{}'$，$A_2{}'$，$\cdots$，$A_n{}'$ 中任取

两点作一线段，则这 C_n^2 条线段的平方和是一个常数，它仅与边数 n 和边长 a 有关。

简单地说，正多边形的所有边、对角线在共面直线 l 上的投影的平方和，不随直线的改变而改变。

要证明命题 4，只要设法证明：当边数 $n > 4$ 时，正多边形的对角线可以经过平移凑成若干个正多边形，然后再利用命题 2 即可。具体的证明留给读者。

这个"投影平方和"的常数是多少呢？可以这样来确定：取和 l 垂直的直线 l'，设 A_k 在 l、l' 上的投影分别为 A_k'、A_k''，由勾股定理可知 $A_iA_j^2 = A_i'A_j'^2 + A_i''A_j''^2$。对各式求和，可知"投影平方和"这个常数恰为诸边及对角线的平方和之半。

现在，我们反过来问：是不是只有正多边形才有这种有趣的性质呢？

不是的。例如，$\triangle ABC$ 是正三角形，O 是它的中心，设 A，B，C，O 到某一共面直线 l 上的投影是 A'，B'，C'，O'，则

$$A'B'^2 + B'C'^2 + C'A'^2 + A'O'^2 + B'O'^2 + C'O'^2 = 6r^2。$$

这里 r 等于 AO，是 $\triangle ABC$ 外接圆的半径。要证明这一等式，只要 OA，OB，OC 经平移之后可以凑成正三角形，再用命题 1 即可。

用直角坐标的方法，我们可以得出一个普遍得多的结果。

为了说起来简便，引入一个定义：

定义 设平面上有 n 个点 A_1，A_2，$\cdots$，A_n。任取此平面上的直线 l，并记 A_k 在 l 上的投影为 $A_k'(k = 1, 2, \cdots, n)$。如果对不同的 l，

这 C_n^2 条投影线段 $A_i'A_j'$ 的平方和是一个仅与 A_1，A_2，…，A_n 有关的常数，则称 A_1，A_2，…，A_n 构成一个"平面投影平方和对称点组"，简称"投影对称组"。

下面的命题告诉我们如何判别平面上的 n 个点是否构成投影对称组。

命题 5 若某直角坐标系中有 A_1，A_2，…，A_n 个点，且诸 $A_k(k=1,2,…,n)$ 的重心为原点，坐标 $A_k(p_k,q_k)$（$k=1,2,…,n$）又满足两个等式

$$\begin{cases} \sum_{k=1}^{n} p_k^{\,2} = \sum_{k=1}^{n} q_k^{\,2}, \\ \sum_{k=1}^{n} p_k q_k = 0, \end{cases} \tag{1}$$

则 A_1，A_2，…，A_n 构成投影对称组。反之，若 n 个点 A_1，A_2，…，A_n 构成投影对称组，则在任一个以 A_1，…，A_n 的重心为原点的直角坐标系中，诸 $A_k(k=1,2,…,n)$ 的坐标（p_k，q_k）都满足等式（1）。

证明： 首先指出，所谓"以 A_1，A_2，…，A_n 的重心为原点"，不过就是

$$p_1 + p_2 + \cdots + p_n = q_1 + q_2 + \cdots + q_n = 0 \tag{2}$$

而已。不妨设 l 的方程 $ax + by + c = 0$ 中的系数满足

$$a^2 + b^2 = 1,$$

如图3-4，过原点作 l 的法线 l_1，则 l_1 的方程是

$$bx - ay = 0_{\circ}$$

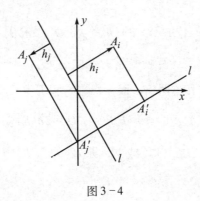

图 3－4

利用点到直线的距离公式，可求出 A_i 到 l_1 的带号距离

$$h_i = bp_i - aq_i,$$

因而

$$
\begin{aligned}
A_i{}'A_j{}'^2 &= (h_i - h_j)^2 = \left[b(p_i - p_j) - a(q_i - q_j) \right]^2 \\
&= b^2 (p_i{}^2 - 2p_ip_j + p_j{}^2) + a^2 (q_i{}^2 - 2q_iq_j + q_j{}^2) \\
&\quad - 2ab(p_iq_i - p_iq_j - p_jq_i + p_jq_j)。
\end{aligned} \tag{3}
$$

设 $\displaystyle\sum_{k=1}^{n} p_k{}^2 = P$，$\displaystyle\sum_{k=1}^{n} q_k{}^2 = Q$，$\displaystyle\sum_{k=1}^{n} p_kq_k = R$，在（3）中固定 i，令 $j = 1，2，\cdots，n$，求和得

$$
\begin{aligned}
\sum_{j=1}^{n} A_i{}'A_j{}'^2 &= b^2 (np_i{}^2 + P) + a^2 (nq_i{}^2 + Q) \\
&\quad - 2ab(np_iq_i + R)。
\end{aligned} \tag{4}
$$

这里我们应用了条件（2），即约定 $A_1，\cdots，A_n$ 的重心在原点。再令 $i = 1，2，\cdots，n$，求和得

$$\sum_{i=1}^{n} \sum_{j=1}^{n} A_i'A_j'^2 = 2n(b^2P + a^2Q - 2abR)。 \tag{5}$$

这为我们提供了一个计算投影平方和的公式。但要注意的是，（5）的右端是投影平方和的两倍，而投影平方和则为：

$$\sum_{1 \le i < j \le n} A_i'A_j'^2 = n(b^2P + a^2Q - 2abR)。 \tag{6}$$

由（6）可见，当（1）成立，即 $P = Q$ 且 $R = 0$ 时，由 $a^2 + b^2 = 1$ 得

$$\sum_{1 \le i < j \le n} A_i'A_j'^2 = nP = nQ。$$

这个数值与 l 无关，这就证明若（1）成立，则 A_1, A_2, $\cdots$, A_n 构成投影对称组。

反过来，若 A_1, A_2, $\cdots$, A_n 构成投影对称组，则（6）的右端对一切 a、$b(a^2 + b^2 = 1)$ 取值相同，取 $(a, b) = (1, 0)$ 和 $(0, 1)$，分别代入得：

$$nP = nQ，$$

于是

$$\sum_{1 \le i < j \le n} A_i'A_j'^2 = n[P(a^2 + b^2) - 2abR]$$
$$= n(P - 2abR) = nP，$$

可见 $R = 0$。这证明了当 A_1, A_2, $\cdots$, A_n 构成投影对称组时，如果其重心为原点，则（1）成立。命题 5 证毕。

在定理证明过程中得到的（6）式是很有用的。当把 l 与 l_1 互换时，（6）给出了 A_1, $\cdots$, A_n 在 l_1 上的诸 A_iA_j 投影平方和

$$\sum_{1 \leqslant i < j \leqslant n} A_i''A_j''^2 = n(a^2 P + b^2 Q + 2abR)。 \tag{7}$$

把（6）和（7）相加，利用勾股定理可得：

$$\sum_{1 \leqslant i < j \leqslant n} A_i A_j^2 = n(P + Q)。 \tag{8}$$

利用（8）式，可以迅速求出多边形的边及对角线的平方和。要注意的是必须取诸顶点的重心为原点，例如对正多边形要取中心为原点。

从命题 5 可以看出：投影对称组决不限于正多边形顶点组。但读者不难证明 $n = 3$ 时，只有正三角形的 3 顶点才具有投影对称性！

可以证明：平面上任给 $n-1(n \geqslant 3)$ 个点，总可以再配上一个点，使它们构成投影对称组。其中特别有趣的是 $n = 4$ 的情形，这个点一定是空间某个正四面体的顶点在平面上的投影。反过来，正多面体的顶点在平面上的投影一定是投影对称组。

怎样用坐标法诱发综合法

（一）

一个陌生的几何证明题摆在面前，常使人感到无从下手。也许它有一个相当简单的证法，但在没有发现之前，我们不得不向各种不同的思维方向伸出触角，试探、摸索、寻找正确的方向。

当我们用解析几何中的坐标方法，把这个题目化成一个代数问题之后，情况就不同了。问题往往化归为很明确、很具体的一系列代数演算。演算的过程也许是冗长、繁复的，但目标很明确。只要耐心地算下去，通常是可以算出一个结果来的。

然而，用解析几何方法（以下简称为坐标法）证明了一个几何命题之后，我们往往仍不满足，总想再找到一个不用坐标的"纯"几何证法（以下简称为综合法）。这不仅因为综合法的证明方式巧妙、简捷、趣味隽永，给人以艺术上的美感，而且也出于教学工作的需要。一个初中生问的题目，教师本人虽然会用坐标法来解，但却只能用综合法的语言给学生讲解。这样，善于用坐标法引导出综合法的证明，就有很大用处了。

另一方面，用坐标法和综合法两种手段处理同一个题目，并把两种手段之间的联系搞清楚，不仅可以使我们对题目本身有更好的理解，而且有助于我们更深刻地认识解析几何与纯粹几何之间的内在联系，提高我们处理代数问题时的直观想象力，提高我们处理几何问题时的分析、运算能力。

其实，在坐标法和综合法之间，并没有一条不可逾越的鸿沟。一方面，坐标法的许多基本公式，都有着直观的几何意义；另一方面，综合法证题时也并不排斥代数式的变换。这样，把坐标轴看成特定的辅助线，把点的坐标记号 x，y 换成对应的线段，坐标法解题过程中的语言，几乎可以逐字逐句地"翻译"成综合法的语言。这种"翻译"的方法，是由坐标法转化为综合法的基本方法。

但这种直接的翻译常常是很笨拙、啰唆的。因而，在掌握了"翻译"的基本方法之后，可以把它提高、简化为"诱发"的方法：运用坐标法的思想制订解题的大体计划和方向，然后并不真的用坐标法来执行这个计划，而是用综合法来实现目的。这样，坐标法所起的作用，是引导我们走向正确的思考道路。

坐标法具体地从哪些方面诱发综合法呢？

1）通过用坐标法解题或分析题目，可以弄清未知的几何量以何种形式和已知量联系。例如，用坐标法证明两个线段相等，其方法往往是把这两个线段的长度表达式求出来，再比较两个表达式是否相等。因此，只要寻求这些表达式相应的几何直观背景，即可得到综合法的证明。

2）坐标法可以向我们提供信息，告诉我们用哪些工具能达到目的。例如在坐标法解题过程中，如果用到了距离公式，对应地，我们会想到综合法中也许要用勾股定理；坐标法用到了定比分点公式，对应地，综合法中也许会用到比例相似形；等等。

3）用坐标法得到的结果或解题的过程，有时能启发我们应当添加些什么辅助线，去寻找更好的证明方法。例如证明某 3 点共线，当不了解所共直线的性质时，就很难入手。用坐标法具体求出直线的方程之后，就容易发现所讨论的 3 点为什么会在这条线上。其他如 3 线共点、4 点共圆之类的题目，如果先找出此点的坐标或圆的方程，往往可以从中得到启发。

概括地说：坐标法推导的顺序和最终目的，可以帮我们确定证题的方向；坐标法推导所用的公式，可以帮我们选择证题中的方法和工具；坐标法所得的具体结果，可启发我们找到入手的途径。

但是，坐标法也不是万能的。特别是限于直角坐标时，其局限性更大。有些题用直角坐标法来做，很繁；有些题用坐标法做出后，不一定能转化成综合法，即使勉强化过去，也是矫揉造作、繁琐冗长，不如不化。所以，用坐标法诱发综合法，仅仅是启发解题思路的一种有力手段，而不是包罗万象的普遍方法。

由于作图题的坐标分析法常见于各种参考书，本文只讨论证明题。

（二）

　　正如翻译工作者要掌握许多基本的句型和词汇一样，为了把坐标法的解题过程转化为综合法，我们必须熟悉解析几何中一些基本公式的几何意义（所谓几何意义，或指解析几何中的代数式、等式所代表的几何量和几何事实，或指推出这些等式可以使用的综合几何方法）。下面给出一个简表，把解析几何中的公式与综合法的语言加以对照，前者是代数表示，后者是几何意义。

基 本 公 式	几 何 意 义
两点距离公式	勾股定理
定比分点公式	相似三角形对应边成比例
三角形面积公式[①]	由两边及夹角正弦求三角形面积的公式
3 点共线条件： 1) $\begin{vmatrix} 1 & x_1 & y_1 \\ 1 & x_2 & y_2 \\ 1 & x_3 & y_3 \end{vmatrix} = 0$ 2) $\dfrac{y_2 - y_1}{x_2 - x_1} = \dfrac{y_3 - y_1}{x_3 - x_1}$	3 点所成三角形面积为 0 相似三角形对应边成比例
直线方程： 1) 点斜式 2) 两点式 3) 截距式	（倾角的）正切 $= \dfrac{\text{对边}}{\text{邻边}}$ 相似三角形对应边成比例 面积的分块合成[②]
两直线夹角公式	正切和差角公式

基 本 公 式	几 何 意 义
直线的平行与垂直: 1)平行条件 $k_1 = k_2$ 2)垂直条件 $k_1 k_2 = -1$	同位角相等 相似三角形对应边成比例
求两直线交点坐标	利用比例相似形求线段长
点到直线距离公式	利用三角形面积求高③
圆方程	圆的定义及勾股定理
4 点(其中任 3 点不共线)共圆的条件	托勒密定理④

---

①如图3-5,在解析几何中:

$$S_{\triangle ABC} = \frac{1}{2} \begin{vmatrix} 1 & x_1 & y_1 \\ 1 & x_2 & y_2 \\ 1 & x_3 & y_3 \end{vmatrix}$$

$$= \frac{1}{2} |(x_2 - x_1)(y_3 - y_1)$$

$$- (y_2 - y_1)(x_3 - x_1)|_{\circ}$$

另一方面,按通常面积公式:

$$S_{\triangle ABC} = \frac{1}{2} AB \cdot AC \sin \theta$$

$$= \frac{1}{2} AB \cdot AC \sin(\psi - \varphi)$$

$$= \frac{1}{2} AB \cdot AC (\sin \psi \cdot \cos \varphi - \cos \psi \cdot \sin \varphi)$$

$$= \frac{1}{2} |AD \cdot CE - BD \cdot AE|_{\circ}$$

这两个式子是一回事。

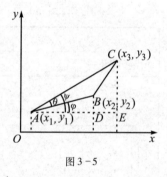

图 3-5

②如图3-6，$S_{\triangle OAB} = S_{\triangle OAP} + S_{\triangle OPB}$，即

$$\frac{1}{2}AO \cdot BO = \frac{1}{2}AO \cdot PQ + \frac{1}{2}BO \cdot PR,$$

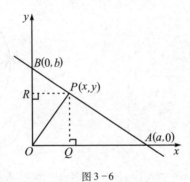

图 3-6

也就是 $ay + bx = ab$，即截距式 $\dfrac{x}{a} + \dfrac{y}{b} = 1$。

③如图3-7，设直线 QR 的方程为 $Ax + By + C = 0$，则：

$$2S_{\triangle PQR} = |2S_{\triangle POQ} + 2S_{\triangle PRO} - 2S_{\triangle ROQ}|$$

$$= |y_0 \cdot OQ + x_0 \cdot RO - RO \cdot OQ|$$

$$= \left| -\frac{C}{A}y_0 - x_0\frac{C}{B} - \frac{C}{A} \cdot \frac{C}{B} \right| = \left| -\frac{C}{AB}(Ax_0 + By_0 + C) \right|,$$

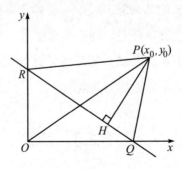

图 3-7

$$\therefore \quad PH = \frac{2S_{\triangle PQR}}{QR} = \left| \frac{C}{AB} \cdot \frac{(Ax_0 + By_0 + C)}{\sqrt{RO^2 + OQ^2}} \right| = \frac{|Ax_0 + By_0 + C|}{\sqrt{A^2 + B^2}} \text{。}$$

④如图3-8，4 点 $A(x_1, y_1)$、$B(x_2, y_2)$、$C(x_3, y_3)$、

$D(x_4, y_4)$ 共圆的充要条件是：

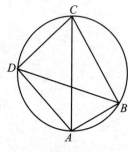

$$\frac{1}{2} \begin{vmatrix} x_1^2 + y_1^2 & x_1 & y_1 & 1 \\ x_2^2 + y_2^2 & x_2 & y_2 & 1 \\ x_3^2 + y_3^2 & x_3 & y_3 & 1 \\ x_4^2 + y_4^2 & x_4 & y_4 & 1 \end{vmatrix}$$

$$= r_1^2 s_1 - r_2^2 s_2 + r_3^2 s_3 - r_4^2 s_4 = 0 \text{。}$$

图 3-8

这里 $r_i^2 = x_i^2 + y_i^2$，s_i 表 4 点中去掉 (x_i, y_i) 后其余 3 点所成三角形的面积。根据行列式性质，可知此行列式的值与原点位置无关。取 D 为原点，则上式化为：

$$DA^2 \cdot S_{\triangle BCD} - DB^2 \cdot S_{\triangle ACD} + DC^2 \cdot S_{\triangle ABD} = 0 \text{。}$$

把圆内接三角形面积公式 $\triangle = \dfrac{abc}{4r}$ 代入上式，化简即得

$$DA \cdot BC + DC \cdot AB = AC \cdot BD \text{。}$$

上表中多数公式的几何意义，可从解析几何教科书的有关章节中找到，这里不再重复。但是，同一个公式可以有一种以上的几何意义，我们的表中对某些公式，如三角形面积公式、直线的截距式等又给出了一般书上不常提到的几何意义。

（三）

下面我们通过一些例题来说明问题：

例1 如图3-9，AC、BC 是直角三角形 ABC 的两条直角边，$\triangle ADC$、$\triangle BCE$ 是以 DC、CE 为底边的等腰直角三角形。BD 交 AC 于 F，AE 交 BC 于 G，求证：$CF = CG$。

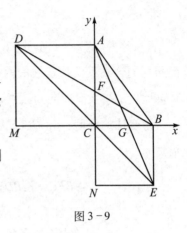

图 3-9

坐标法的证明：令 BC、AC 分别为 x、y 轴，且令 A、B 之坐标为：

$$A = (0, b), \quad B = (a, 0)。$$

这里 $b = AC > 0$，$a = BC > 0$，则

$$D = (-b, b), \quad E = (a, -a)。$$

利用两点式写出 AE、BD 的直线方程：

$$AE: \frac{a+b}{-a} = \frac{y-b}{x}; \quad BD: \frac{-b}{a+b} = \frac{y}{x-a}。$$

设 $G = (G_x, 0)$，$F = (0, F_y)$，分别代入 AE、BD 的方程，得

$$\frac{a+b}{-a} = \frac{-b}{G_x}, \quad \frac{-b}{a+b} = \frac{F_y}{-a}。$$

$$\therefore \quad CG = |G_x| = \frac{ab}{a+b}, \quad CF = |F_y| = \frac{ab}{a+b}。$$

这就证得了 $CF = CG$。

分析：从以上证法可知，要证的结果是：

$$CG = \frac{ab}{a+b}, \quad 即 \quad \frac{CG}{a} = \frac{b}{a+b};$$

$$CF = \frac{ab}{a+b}, \quad 即 \quad \frac{CF}{a} = \frac{b}{a+b}。$$

而所用的公式仅仅是直线的两点式，相当于应用了相似三角形对应边成比例的事实。以此为线索，分析图3-9，不难得到下述证法。

综合法的证明： 设 D、E 至直线 BC、AC 的垂足分别为 M、N，显然有：

$$\triangle BFC \backsim \triangle BDM, \qquad \therefore \quad \frac{CF}{DM} = \frac{BC}{BM};$$

$$\triangle AGC \backsim \triangle AEN, \qquad \therefore \quad \frac{CG}{NE} = \frac{AC}{AN}。$$

但 $DM = AC = b$，$BC = NE = a$，$BM = AN = a+b$，所以

$$CF = \frac{ab}{a+b} = CG。$$

例2 圆内接四边形 $ABCD$ 的对角线 AC 与 BD 垂直交于 Q，其外接圆心为 P，BC、AD 的中点分别为 E、F，求证：$QE = PF$。

坐标法的证明： 如图3-10，取 BD、CA 为 x、y 轴，设 P 的坐标为 (P_x, P_y)，外接圆半径为 r，则圆方程为

$$(x - P_x)^2 + (y - P_y)^2 = r^2。$$

设 A、B、C、D 的坐标分别为 $(0, A_y)$、$(B_x, 0)$、$(0, C_y)$、$(D_x, 0)$，代入圆方程得：

$$A_y = P_y - \sqrt{r^2 - P_x^2},$$

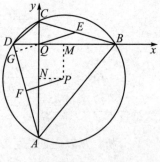

图3-10

$$B_x = P_x + \sqrt{r^2 - P_y^2},$$

$$C_y = P_y + \sqrt{r^2 - P_x^2},$$

$$D_x = P_x - \sqrt{r^2 - P_y^2}。$$

求出 BC、AD 的中点坐标：

$$E = (E_x, E_y) = \left(\frac{B_x}{2}, \frac{C_y}{2}\right),$$

$$F = (F_x, F_y) = \left(\frac{D_x}{2}, \frac{A_y}{2}\right)。$$

用两点距离公式计算：

$$QE = \frac{1}{2}\sqrt{B_x^2 + C_y^2},$$

$$PF = \sqrt{\left(\frac{D_x}{2} - P_x\right)^2 + \left(\frac{A_y}{2} - P_y\right)^2} = \frac{1}{2}\sqrt{B_x^2 + C_y^2},$$

这就证得了 $QE = PF$。

分析：从证明过程可知，反复应用勾股定理，可把 QE、PF 表示成 PM、PN、r 的代数式。于是由上面的证明，不难改写成综合法证明。不仅如此，分析所求得的 P、Q、F、E 的坐标，我们发现它们在形式上有一定对称性：

$$Q = (0, 0),$$

$$E = \left(\frac{P_x}{2} + \frac{1}{2}\sqrt{r^2 + P_y^2},\ \frac{P_y}{2} + \frac{1}{2}\sqrt{r^2 - P_x^2}\right),$$

$$P = (P_x, P_y),$$

$$F = \left(\frac{P_x}{2} - \frac{1}{2}\sqrt{r^2 + P_y^2},\ \frac{P_y}{2} - \frac{1}{2}\sqrt{r^2 - P_x^2} \right),$$

即有 $P_x + Q_x = E_x + F_x$，$P_y + Q_y = E_y + F_y$。这表明线段 PQ 和 EF 的中点是同一点，PQ 与 EF 互相平分，即 $PEQF$ 为平行四边形。由此启发我们，先证明 $PEQF$ 是平行四边形，也可得到欲证的结论。下面的证法就是从证明 $PE \parallel QF$ 入手的。

综合法的证明： 延长 QE，交 AD 于 G。由圆周角定理，得 $\angle QDG = \angle BCQ$。因为 E 是直角三角形斜边的中点，得 $QE = BE$，故 $\angle CBQ = \angle EQB = \angle DQG$。于是 $\angle DGQ = \angle CQB = 90°$。但由于 F 是 AD 中点，P 为 $ADCB$ 外接圆圆心，故 $PF \perp AD$。既然 QE、PF 同垂直于 AD，故 $QE \parallel PF$。

同理可证 $QF \parallel PE$，即 $PEQF$ 为平行四边形，从而 $PF = QE$。

例3 如图3-11，$ABCD$ 为正方形，$\angle 1 = \angle DAE = \angle EBC = \angle 2 = 15°$，求证：$\triangle EDC$ 为正三角形。

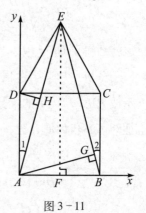

图 3-11

坐标法的证明： 取 AB、AD 分别为 x、y 轴，并使 C 在第 I 象限。设 $AB = a$，则由 $\angle 1 = \angle 2 = 15°$ 及 $A = (0,0)$、$B = (a,0)$，易写出直线 AE、BE 的点斜式方程为

$$AE : y = x\tan 75°,$$

$$BE : y = (x - a)\tan 105°。$$

解得 E 的坐标为

$$E = \left(\frac{a}{2}, \frac{a}{2}\tan 75° \right) = \left(\frac{a}{2}, a\left(1 + \frac{\sqrt{3}}{2} \right) \right)。$$

又由 $D = (0, a)$、$C = (a, a)$，用两点距离公式求得 $DE = CE = a$，即 $\triangle EDC$ 为正三角形。

分析： 由上可知，例 3 的证明关键在于求得点 E 的坐标。由对称性可知 $E_x = \frac{a}{2}$，所以只要求出 E_y 就可以了。而求得了 E_y，则可用勾股定理计算 DE、CE，从而证实所要结论。为了求得 E_y，要用到 $\tan 75° = 1 + \frac{\sqrt{3}}{2}$ 这一事实。如要在综合法证明中避免引用这一事实，还需追本求源，弄清 $\tan 75°$ 的值从何而来。这个值可从正弦、余弦的半角公式得到，而且要用到 $\sin 30° = \frac{1}{2}$ 这个事实，即"在直角三角形中，30° 的对边为斜边之半"这个定理。观察图 3－11，$\angle AEB = 30°$，以 $\angle AEB$ 为内角作一个直角三角形进行考察，可启发我们找到下列证法。

综合法的证明： 由 $\angle 1 = \angle 2 = 15°$，可知 $\angle AEB = 30°$。作 $AG \perp BE$，设垂足为 G，则 $AG = \frac{1}{2}AE$。

另一方面，由 $\angle EAG = 60°$ 得 $\angle BAG = 15°$。作 $DH \perp AE$，且令 H 为垂足，则由 $AD = AB$，$\angle DAH = \angle BAG = 15°$，可知 Rt $\triangle ABG \cong$ Rt $\triangle ADH$，故 $AH = AG = \frac{1}{2}AE = HE$。$DA$、$DE$ 是等腰三角形 DAE 的两

腰，所以 $DE = DA$，即 $DE = DC$。由对称性，$CE = DE$。这就证得了 $\triangle EDC$ 是正三角形。

例 4 如图 3-12，圆 O_1 和圆 O_2 相离。自点 O_1 向圆 O_2 作切线 O_1A、O_1B，分别交圆 O_1 于 E、F。自点 O_2 向圆 O_1 作切线 O_2C、O_2D，分别交圆 O_2 于 G、H。设 G、E 在连心线 O_1O_2 同侧。

求证：$GE /\!/ HF$。

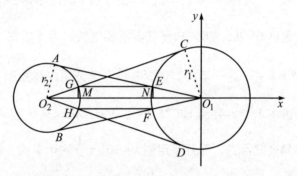

图 3-12

分析：我们来想一下用坐标法证明的步骤，看这些步骤能否用综合法实现。

取连心线 O_1O_2 为 x 轴，令 y 轴过点 O_1。若 O_1O_2 给定，两圆半径 r_1、r_2 给定，我们可以写出这 4 条切线的方程，求得它们与圆 O_1、圆 O_2 的交点 G、E、H、F 的坐标，从而检验是否有 $GE /\!/ HF$。

若要证的结论为真，由对称性显然应当有 $GE /\!/ O_1O_2$，$HF /\!/ O_1O_2$。也就是说，只要验证 G、E（及 H、F）两点的纵坐标是否相等。因而，目标应当很明确——求点 G、E 到 O_1O_2 的距离。为此，我们应当分别由点 G、E 向 O_1O_2 引垂线。另外，计算过程中要用到切线方程，即用到"圆心到切线的距离等于半径"，故我们连接 O_1C、O_2A 作为辅助线。

一旦画出这些辅助线，我们便会发现点 G、E 到 O_1O_2 的距离，可以利用"相似三角形对应边成比例"来求得。这就可以完成综合法的证明。

综合法的证明： 自点 G、E 分别向 O_1O_2 引垂线，垂足为 M、N。连 O_1C、O_2A，$\mathrm{Rt}\triangle GO_2M$ 和 $\mathrm{Rt}\triangle O_1CO_2$ 有公共角 $\angle GO_2M$，故 $\mathrm{Rt}\triangle GO_2M \backsim \mathrm{Rt}\triangle O_1O_2C$。

$$\frac{GM}{O_2G} = \frac{O_1C}{O_1O_2}, \quad 即\ GM = \frac{r_1r_2}{O_1O_2};$$

同理，$\triangle EO_1N \backsim \triangle O_2O_1A$，所以

$$\frac{EN}{O_1E} = \frac{O_2A}{O_1O_2}, \quad 即\ EN = \frac{r_1r_2}{O_1O_2}。$$

$$\therefore \quad GM = EN。$$

$$\therefore \quad GE /\!/ O_1O_2。$$

同理可证 $HF /\!/ O_1O_2$，所以 $GE /\!/ HF$。

例5 如图3–13，在 $\mathrm{Rt}\triangle ABC$ 中 $\angle C$ 为直角，M 为 AB 中点，N 为 $\triangle ABC$ 之内心。如果 $\angle BNM$ 为直角，求证：$BC:AC = 3:4$。

坐标法的证明： 取 CA、CB 分别为 x、y 轴，且令 $A = (a,0)$，$B = (0,b)$，N

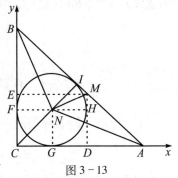

图3–13

$= (r, r)$。这里 $a = AC > 0$，$b = BC > 0$，$r > 0$ 为 $\triangle ABC$ 内切圆半径。

用截距式写出 AB 的直线方程：$\dfrac{x}{a} + \dfrac{y}{b} = 1$，即 $bx + ay = ab$。由题设，N 到 AB 距离为 r，由点到直线距离公式得（注意 N 在 AB 之下，下式为正）：

$$r = \frac{ab - (a + b)r}{\sqrt{a^2 + b^2}},$$

可解出

$$r = \frac{ab}{a + b + \sqrt{a^2 + b^2}}。 \tag{1}$$

又由 M 为 AB 中点，求得 $M = \left(\dfrac{a}{2}, \dfrac{b}{2} \right)$，由此求得 MN 的斜率 k_{MN} 及 BN 的斜率 k_{BN} 分别为：

$$k_{MN} = \frac{b - 2r}{a - 2r}, \quad k_{BN} = \frac{r - b}{r}。$$

由题设知 $MN \perp BN$，故 $k_{MN} \cdot k_{BN} = -1$，即

$$\frac{b - 2r}{a - 2r} = \frac{r}{b - r},$$

$$4r + \frac{b^2}{r} = 3b + a。 \tag{2}$$

把（1）代入（2），化简后得到：

$$\sqrt{a^2 + b^2} + b - 2a = 0,$$

去根号即得 $4ab = 3a^2$，即 $a : b = 4 : 3$。

分析：证明的关键是导出（1）、（2）两个等式。导出（1）式用到直线的截距式及点到直线的距离公式，按前述关于基本公式几何意义的对照表，这相当于面积关系式。导出（2）式用到两直线垂直条件，这相当于用了"相似三角形对应边成比例"的事实。只要把这两个等式导出，问题就迎刃而解。这样得到的综合法证明，是坐标法证明的"仿制品"。

综合法的证明：过 N 向 △ABC 3 边作垂线，设 AB、BC、CA 上垂足分别为 I、F、G。由于 N 是内心，故 $NF = NG = NI = r$。设 $AC = a$，$BC = b$，由面积关系

$$S_{\triangle ABC} = S_{\triangle ANC} + S_{\triangle ABN} + S_{\triangle BCN},$$

即

$$\frac{1}{2}ab = \frac{1}{2}ra + \frac{1}{2}r\sqrt{a^2 + b^2} + \frac{1}{2}rb,$$

可得

$$r = \frac{ab}{a + b + \sqrt{a^2 + b^2}}。 \tag{3}$$

作 $MD \perp AC$，令 D 为垂足，延长 FN 交 MD 于 H。

∵　$\angle BNM = 90°$，

∴　$\angle FNB + \angle MNH = 90°$。

∴　$\triangle BFN \backsim \triangle NHM$。

∴　$\dfrac{BF}{FN} = \dfrac{NH}{MH}$。

但 $BF = b - r$，$FN = r$，$NH = CD - CG = \dfrac{a}{2} - r$，$HM = MD - HD =$

$\dfrac{b}{2} - r$，代入上式整理得：

$$4r + \frac{b^2}{r} = 3b + a。 \tag{4}$$

把（3）代入（4），化简后得：

$$\sqrt{a^2 + b^2} + b - 2a = 0，$$

去根号得 $4ab = 3a^2$，即 $a : b = 4 : 3$。 □

　　对于例5，注意到（3）式中没用到 $MN \perp BN$ 这个事实，故（4）式可代之以另一个用到了 $MN \perp BN$ 这一事实的等式。例如，在综合法中用一下"直角三角形 BMN 斜边上的高 $NI = r$"及"$BI = BF = b - r$"这些事实，可导出：

$$NI^2 = MI \cdot BI，$$

即 $\qquad r^2 = (b - r)\left[\dfrac{1}{2}\sqrt{a^2 + b^2} - (b - r)\right]。$

将此式与（3）式联立消去 r，也可得欲证结论。

　　例6　如下页图3–14，在四边形 $ABCD$ 中，已知 $\angle B$ 为直角。对角线 $AC = BD$，过 AB、CD 的中点 E、G 作中垂线交于 N；过 BC、AD 的中点 F、H 作中垂线交于 M。求证：B、M、N 3 点共线。

　　坐标法的证明：取 BA、BC 所在直线分别为 x、y 轴，建立平面直角坐标系。设 $AB = a$，$BC = b$，A、B、C、D 的坐标分别为：

$A = (a,0), B = (0,0),$

$C = (0,b), D = (x_0, y_0)$。

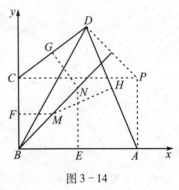

图 3-14

由题设 $AC = BD$ 知

$$a^2 + b^2 = x_0^2 + y_0^2 \text{。} \qquad (5)$$

利用中垂线性质写出直线 GN 上的点 (x, y) 应满足的方程：

$$(x - x_0)^2 + (y - y_0)^2 = x^2 + (y - b)^2 \text{。}$$

整理并利用 (5) 式，得到 GN 的方程为：

$$x_0 x + (y_0 - b) y = \frac{a^2}{2} \text{。} \qquad (6)$$

同理，得 HM 的方程：

$$(x_0 - a) x + y_0 y = \frac{b^2}{2} \text{。} \qquad (7)$$

因 N 在 AB 的中垂线上，故可设 $N = \left(\dfrac{a}{2}, \ N_y \right)$，代入 (6) 式得：

$$N_y = \frac{a}{2} \cdot \frac{a - x_0}{y_0 - b} \text{。}$$

因 M 在 BC 的中垂线上，故可设 $M = \left(M_x, \ \dfrac{b}{2} \right)$，代入 (7) 式得

$$M_x = \frac{b}{2} \cdot \frac{b - y_0}{x_0 - a} \text{。}$$

于是，BN 的斜率为

$$k_{BN} = \frac{N_y - 0}{\dfrac{a}{2} - 0} = -\frac{a - x_0}{b - y_0}。$$

而

$$k_{BM} = \frac{\dfrac{b}{2} - 0}{M_x - 0} = -\frac{a - x_0}{b - y_0} = k_{BN},$$

故知 B、M、N 共线。 □

最后一步用 3 点共线条件检验也可，即

$$\begin{vmatrix} 1 & 0 & 0 \\ 1 & \dfrac{a}{2} & N_y \\ 1 & M_x & \dfrac{b}{2} \end{vmatrix} = \frac{ab}{4} - \frac{ab}{4} = 0,$$

得知 B，M，N 共线。

分析： 上面的证明当然也可以照搬成综合法的证明，像例 5 一样。但是，如果仔细观察所求得的直线 BM 和 BN 的斜率：

$$k_{BM} = k_{BN} = -\frac{a - x_0}{b - y_0},$$

便发现 BM （或 BN）和通过 (a, b)、(x_0, y_0) 两点的线段垂直。(x_0, y_0) 就是点 D，在图上作出代表 (a, b) 的点 P，连接 PA、PC、PD，我们看到 $PABC$ 是矩形。$PB = AC = BD$，即 P、D 在以 B 为中心的圆上。既然 $BM \perp PD$，BM 一定和 PD 的垂直平分线重合，

BN 亦然。这样，就找到了一个简捷的证法！

综合法的证明： 作 $PA \perp AB$，$PC \perp BC$，则直线 *NE* 垂直平分 *PC*，*MF* 垂直平分 *PA*。连接 *PD*，由于 *N* 是 *CD*、*PC* 中垂线交点，故 *N* 为 $\triangle PDC$ 的外心，即 *N* 在 *PD* 中垂线上。同理，*M* 为 $\triangle PDA$ 外心，即 *M* 在 *PD* 中垂线上，$PB = AC = DB$，故 *B* 也在 *PD* 中垂线上。*N*、*M*、*B* 都在 *PD* 中垂线上，即 3 点共线。

最后，我们运用上述方法来解两个数学竞赛题。

例 7 有一个边长为 1 的正方形，试在这个正方形的内接正三角形中，找出面积最大和最小的正三角形，并求出其面积。

这个题是 1978 年全国中学生数学竞赛题，因此广为人知。这里，我们试用解析方法比较自然地诱导出综合的解法。

如图 3-15 取坐标系，设 *AD* 上没有三角形的顶点，则 *A*、*B*、*C*、*D*、*E*、*F*、*G* 的坐标应为：

$$A\left(-\frac{1}{2}, 1\right), B\left(-\frac{1}{2}, 0\right), C\left(\frac{1}{2}, 0\right), D\left(\frac{1}{2}, 1\right),$$

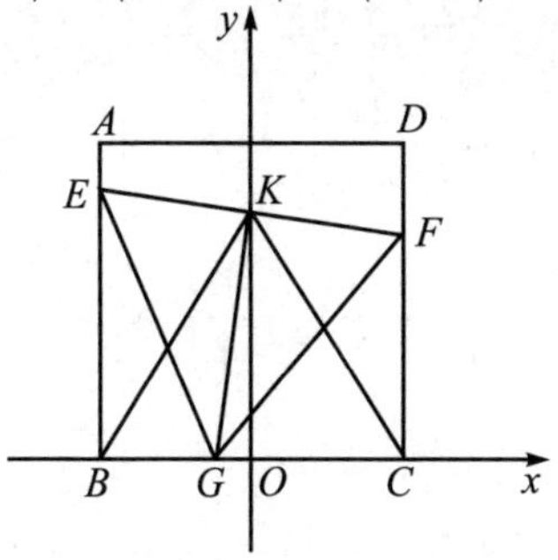

图 3-15

$$E\left(-\frac{1}{2}, y_1\right), F\left(\frac{1}{2}, y_2\right), G(x, 0)_{\circ}$$

由于 $\triangle EFG$ 为正三角形，未知量 y_1、y_2、x 之间应满足 $EF^2 = EG^2 = FG^2$：

$$\begin{cases} \left(x + \dfrac{1}{2}\right)^2 + y_1^2 = \left(x - \dfrac{1}{2}\right)^2 + y_2^2, & (8) \\[3mm] (y_1 - y_2)^2 + 1^2 = \left(x + \dfrac{1}{2}\right)^2 + y_1^2_{\circ} & (9) \end{cases}$$

我们关心的是 $\triangle EFG$ 的面积，自然想去求三角形的高 GK 和边长 $EF = \sqrt{1 + (y_1 + y_2)^2}$。$EF$ 中点 K 的坐标为 $\left(0, \dfrac{1}{2}(y_1 + y_2)\right)$，所以我们要在 (8)、(9) 中把 $y_1 - y_2$，$y_1 + y_2$ 解出来。整理 (8) 式得：

$$(y_1 + y_2)(y_1 - y_2) = -2x, \tag{10}$$

而 (9) 式可化为

$$(y_1 - y_2)^2 + 1 = \left(x + \frac{1}{2}\right)^2 + \left[\frac{(y_1 + y_2) + (y_1 - y_2)}{2}\right]^2_{\circ} \tag{11}$$

在 (10) 中解出 $y_1 - y_2 = \dfrac{-2x}{y_1 + y_2}$，代入 (11) 式得：

$$\frac{4x^2}{(y_1 + y_2)^2} + 1 = \left(x + \frac{1}{2}\right)^2 + \frac{1}{4}\left[(y_1 + y_2) - \frac{2x}{y_1 + y_2}\right]^2,$$

整理得：

$$(y_1 + y_2)^4 + (4x^2 - 3)(y_1 + y_2)^2 - 12x^2 = 0,$$

即

$$\left[\left(y_1+y_2\right)^2+4x^2\right]\left[\left(y_1+y_2\right)^2-3\right]=0。$$

显然前一因式恒为正，故得 $\left(y_1+y_2\right)^2=3$。由题意知 $y_1+y_2>0$，故 $y_1+y_2=\sqrt{3}$。

现在，我们求得 EF 中点 $K=\left(0,\dfrac{\sqrt{3}}{2}\right)$，这是我们事先不一定想到的。原来，不论 $\triangle EFG$ 的位置如何，EF 的中点居然是固定不变的！而且，从它的坐标数值 $\left(0,\dfrac{\sqrt{3}}{2}\right)$ 可以看出，K、B、C 构成正三角形。怎样用综合法证明 $\triangle KBC$ 是正三角形呢？由于图中先有了正三角形 EFG，故不难想到 K、G、C、F 共圆。这正是本题的综合解法中最妙也最难想到的一步！

至于用解析法把题做完，就很容易了。因为我们已知道

$$GK=\sqrt{x^2+\left(\frac{\sqrt{3}}{2}\right)^2}=\sqrt{x^2+\frac{3}{4}},$$

$$EF=\sqrt{1+\left(y_1-y_2\right)^2}$$

$$=\sqrt{1+\frac{4x^2}{\left(y_1+y_2\right)^2}}=\frac{2}{\sqrt{3}}\sqrt{x^2+\frac{3}{4}},$$

$$\therefore \qquad S_{\triangle EFG}=\frac{\sqrt{3}}{3}\left(\frac{3}{4}+x^2\right)。$$

而 x 的变化范围可由 $|x|\leqslant\dfrac{1}{2}$，$0\leqslant y_1\leqslant1$，$0\leqslant y_2\leqslant1$ 定出。注意 $|x|$ 取不到 $\dfrac{1}{2}$，这是因为 $y_1+y_2=\sqrt{3}$，$y_1-y_2=-\dfrac{2x}{\sqrt{3}}$，所以

$$2y_1 = \sqrt{3} - \frac{2x}{\sqrt{3}}, \qquad \frac{2x}{\sqrt{3}} = \sqrt{3} - 2y_1 \geqslant \sqrt{3} - 2;$$

$$2y_2 = \sqrt{3} + \frac{2x}{\sqrt{3}}, \qquad \frac{2x}{\sqrt{3}} = 2y_2 - \sqrt{3} \leqslant 2 - \sqrt{3};$$

即 $|x| \leqslant (2 - \sqrt{3})\frac{\sqrt{3}}{2} = \sqrt{3} - \frac{3}{2}$。当 $|x| = \sqrt{3} - \frac{3}{2}$ 时，$S_{\triangle EFG} =$

$\frac{\sqrt{3}}{3}\left[\frac{3}{4} + \left(\sqrt{3} - \frac{3}{2}\right)^2\right] = 2\sqrt{3} - 3$，这就是最大的三角形面积，这时 y_1

或 y_2 中有一个为 1（即 E、F 中有一点和 A、D 之一重合）。至于最

小的面积，显然是当 $x = 0$，即 G 在原点时取到，其值为 $\frac{\sqrt{3}}{4}$。

我们看到：解析法过程虽繁，思路是自然的。从中诱导出的综合法，过程简捷，却掩去了本来的思路，显得格外巧妙！

再看一个例子，是 1979 年国际数学竞赛题之一。

例8 平面上有两个圆，圆 O_1 和圆 O_2 交于点 P。点 M_1、M_2 同时从 P 出发，分别沿圆 O_1 和圆 O_2 的圆周作同方向的匀速圆周运动，运动一周后又同时回到 P 处。求证：平面上有一定点 Q，使得在任何时刻都有 $QM_1 = QM_2$。

此题难点在于不知 Q 在何处，而这个问题很容易用解析几何的方法回答。

取 O_1O_2 所在直线为 x 轴，取 O_1O_2 中点为原点，建立平面直角坐标系（如图 3 – 16）。设 O_1、O_2、P 的坐标为

$$O_1(-d,0), O_2(d,0), P(k,h),$$

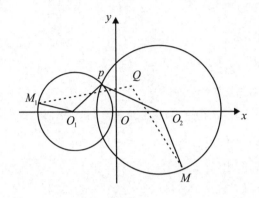

图 3－16

又设圆 O_1、圆 O_2 的半径分别为 r_1、r_2。在时刻 t，动点 $M_1(t)$、$M_2(t)$ 的坐标：

$$M_1(t):\begin{cases} x_1(t) = -d + r_1\cos(\omega t + \varphi_1), \\ y_1(t) = r_1\sin(\omega t + \varphi_1); \end{cases} \tag{12}$$

$$M_2(t):\begin{cases} x_2(t) = d + r_2\cos(\omega t + \varphi_2), \\ y_2(t) = r_2\sin(\omega t + \varphi_2)。 \end{cases} \tag{13}$$

设 $t = 0$ 时 M_1、M_2 都在 P 点，由于 P 的坐标为 (k, h)，故由 (12)、(13) 得：

$$\begin{cases} -d + r_1\cos\varphi_1 = d + r_2\cos\varphi_2 = k, \\ r_1\sin\varphi_1 = r_2\sin\varphi_2 = h。 \end{cases}$$

按题意，对一切 t 都有 $M_1Q = M_2Q$。为了找出 Q，我们只要对两个特殊的、易于计算的 t 值列出方程即可。设 $Q = (x, y)$，应有

$$(x - x_1(t))^2 + (y - y_1(t))^2 = (x - x_2(t))^2 + (y - y_2(t))^2。$$

$$\tag{14}$$

取 $t = \dfrac{\pi}{\omega}$ 得:

$$y_1(t) = r_1(-\sin \varphi_1) = -h,$$
$$y_2(t) = r_2(-\sin \varphi_2) = -h;$$
$$x_1(t) = -d + r_1(-\cos \varphi_1) = -(k+2d),$$
$$x_2(t) = d + r_2(-\cos \varphi_2) = -(k-2d)_\circ$$

代入（14）后解出:

$$x = -k,$$

再在（13）中取 $t = \dfrac{\pi}{2\omega}$，得:

$$x_1(t) = -d + r_1(-\sin \varphi_1) = -d - h,$$
$$y_1(t) = r_1\cos \varphi_1 = k + d;$$
$$x_2(t) = d + r_2(-\sin \varphi_2) = d - h,$$
$$y_2(t) = r_2\cos \varphi_2 = k - d_\circ$$

把它们代入（14），并用已知的 $x = -k$，解出

$$y = h_\circ$$

现在我们知道，如果所证命题为真命题，必有 $Q = (-k, h)$，可见 Q 和 P 关于 y 轴对称，显然 $\triangle QO_1O_2 \cong \triangle PO_2O_1$。按此定出 Q 后，证明在任意时刻都有 $M_1Q = M_2Q$ 就很容易了：由题意可知 $\angle M_1O_1Q = \angle M_1O_1P + \angle PO_1Q$，$\angle M_2O_2Q = \angle M_2O_2P + \angle PO_2Q$，由 $\triangle QO_1O_2 \cong \triangle PO_2O_1$ 知 $\angle PO_1Q = \angle PO_2Q$，所以

$$\angle M_1O_1Q = \angle M_2O_2P + \angle PO_2Q = \angle M_2O_2Q_\circ$$ 又由 $O_1P = O_2Q$，$M_1O_1 = O_1P$，得 $M_1O_1 = O_2Q$。同理 $M_2O_2 = O_1Q$，从而 $\triangle M_2O_2Q \cong$

$\triangle QO_1M_1$，问题便解决了。

这样，由于解析几何的帮助，一个难于下手的题目变得简单了。

在以上几个例题中，例 5 是直译——把坐标法的语言译成综合法的语言；例 4 和例 1 是用坐标法指出努力的方向，而后用综合法的手段来实现；而例 2、例 3 和例 6 则是通过考察坐标法的证明过程和结果而受到启发，找到了综合法的入手途径。坐标法诱导综合法，大体上不外乎这 3 种类型。

限于篇幅，文中仅谈到了直角坐标系。从以上所举例子可见，当所给命题涉及一对互相垂直的直线时，直角坐标是很便利的。一般情况，应视不同条件选择其他坐标系，如极坐标、仿射坐标、重心坐标等。不论何种情形，上述用坐标法引导综合法的基本原则仍是适用的。

从反对数表的几何性质谈起

大概许多同学和老师都会觉得，各种函数表的学习和使用是最枯燥乏味的了。其实，如果你深入了解这些表的结构，特别是研究一下它们的几何性质，你会惊奇地发现：在看来十分普通的表格里，隐藏着一些耐人寻味的规律。利用这些规律，可以制成种种方便、准确的算图。

反对数表的几何性质

我们常用的 4 位反对数表，是分开印在两三页上的。如果把全表贴在一张纸上，排成一个"整体反对数表"，许多有趣的性质便呈现出来了。

如下页附表所示，我们把从 0.000 到 0.999 这 1000 个对数尾数的反对数（4 位有效数字），自左而右、自上而下地排成一个 50×20 的长方阵。每个数占据的地盘都一样，是一个小小的长方形。长方形左下角处的顶点，叫做这个数的代表点，例如：第 0 行的第 3 点

整体反对数表

1	00	01	02	03	04	05	06	07	08	09	10	11	12	13	14	15	16	17	18	19	1000
00	1000	1002	1005	1007	1009	1012	1014	1016	1019	1021	1023	1026	1028	1030	1033	1035	1038	1040	1042	1045	
01	1047	1050	1052	1054	1057	1059	1062	1064	1067	1069	1072	1074	1076	1079	1081	1084	1086	1089	1091	1094	
02	1096	1099	1102	1104	1107	1109	1112	1114	1117	1119	1122	1125	1127	1130	1132	1135	1138	1140	1143	1146	
03	1148	1151	1153	1156	1159	1161	1164	1167	1169	1172	1175	1178	1180	1183	1186	1189	1191	1194	1197	1199	
04	1202	1205	1208	1211	1213	1216	1219	1222	1225	1227	1230	1233	1236	1239	1242	1245	1247	1250	1253	1256	
05	1259	1262	1265	1268	1271	1274	1276	1279	1282	1285	1288	1291	1294	1297	1300	1303	1306	1309	1312	1315	
06	1318	1321	1324	1327	1330	1334	1337	1340	1343	1346	1349	1352	1355	1358	1361	1365	1368	1371	1374	1377	
07	1380	1384	1387	1390	1393	1396	1400	1403	1406	1409	1413	1416	1419	1422	1426	1429	1432	1435	1439	1442	
08	1445	1449	1452	1455	1459	1462	1466	1469	1472	1476	1479	1483	1486	1489	1493	1496	1500	1503	1507	1510	
09	1514	1517	1521	1524	1528	1531	1535	1538	1542	1545	1549	1552	1556	1560	1563	1567	1570	1574	1578	1581	
10	1585	1589	1592	1596	1600	1603	1607	1611	1614	1618	1622	1626	1629	1633	1637	1641	1644	1648	1652	1656	
11	1660	1663	1667	1671	1675	1679	1683	1687	1690	1694	1698	1702	1706	1710	1714	1718	1722	1726	1730	1734	
12	1738	1742	1746	1750	1754	1758	1762	1766	1770	1774	1778	1782	1786	1791	1795	1799	1803	1807	1811	1816	
13	1820	1824	1828	1832	1837	1841	1845	1849	1854	1858	1862	1866	1871	1875	1879	1884	1888	1892	1897	1901	
14	1905	1910	1914	1919	1923	1928	1932	1936	1941	1945	1950	1954	1959	1963	1968	1972	1977	1982	1986	1991	
15	1995	2000	2004	2009	2014	2018	2023	2028	2032	2037	2042	2046	2051	2056	2061	2065	2070	2075	2080	2084	
16	2089	2094	2099	2104	2109	2113	2118	2123	2128	2133	2138	2143	2148	2153	2158	2163	2168	2173	2178	2183	
17	2188	2193	2198	2303	2308	2313	2318	2223	2228	2234	2239	2244	2249	2254	2259	2265	2270	2275	2280	2286	
18	2291	2296	2301	2306	2312	2317	2323	2328	2333	2339	2344	2350	2355	2360	2366	2371	2377	2382	2388	2393	
19	2399	2404	2410	2415	2421	2427	2432	2438	2443	2449	2455	2460	2466	2472	2477	2483	2489	2495	2500	2506	
20	2512	2518	2523	2529	2535	2541	2547	2553	2559	2564	2570	2576	2582	2588	2594	2600	2606	2612	2618	2624	
21	2630	2636	2642	2649	2655	2661	2667	2673	2679	2685	2692	2698	2704	2710	2716	2723	2729	2735	2742	2748	
22	2754	2761	2767	2773	2780	2786	2793	2799	2805	2812	2818	2825	2831	2838	2844	2851	2858	2864	2871	2877	
23	2884	2891	2897	2904	2911	2917	2924	2931	2938	2944	2951	2958	2965	2972	2979	2985	2992	2999	3006	3013	
24	3020	3027	3034	3041	3048	3055	3062	3069	3076	3083	3090	3097	3105	3112	3119	3126	3133	3143	3148	3155	
25	3162	3170	3177	3184	3192	3199	3206	3214	3221	3228	3236	3243	3251	3258	3266	3273	3281	3289	3296	3304	
26	3311	3319	3327	3334	3342	3350	3357	3365	3373	3381	3388	3396	3404	3412	3420	3428	3436	3443	3451	3459	
27	3467	3475	3483	3491	3499	3508	3516	3524	3532	3540	3548	3556	3565	3573	3581	3589	3597	3606	3614	3622	
28	3631	3639	3648	3656	3664	3673	3681	3690	3698	3707	3715	3724	3733	3741	3750	3758	3767	3776	3784	3793	
29	3802	3811	3819	3828	3837	3846	3855	3864	3873	3882	3890	3899	3908	3917	3926	3936	3945	3954	3963	3972	
30	3981	3990	3999	4009	4018	4027	4036	4046	4055	4064	4074	4083	4093	4102	4111	4121	4130	4140	4150	4159	
31	4169	4178	4188	4198	4207	4217	4227	4236	4246	4256	4266	4276	4285	4295	4305	4315	4325	4335	4345	4355	
32	4365	4375	4385	4395	4406	4416	4426	4436	4446	4457	4467	4477	4487	4498	4508	4519	4529	4539	4550	4560	
33	4571	4581	4592	4603	4613	4624	4634	4645	4656	4667	4677	4688	4699	4710	4721	4732	4742	4753	4764	4775	
34	4786	4797	4808	4819	4831	4842	4853	4864	4875	4887	4898	4909	4920	4932	4943	4955	4966	4977	4989	5000	
35	5012	5023	5035	5047	5058	5070	5082	5093	5105	5117	5129	5140	5152	5164	5176	5188	5200	5212	5224	5236	
36	5248	5260	5272	5284	5297	5309	5321	5333	5346	5358	5370	5383	5395	5408	5420	5433	5445	5458	5470	5483	
37	5495	5508	5521	5534	5546	5559	5572	5585	5598	5610	5623	5636	5649	5662	5675	5689	5702	5715	5728	5741	
38	5754	5768	5781	5794	5808	5821	5834	5848	5861	5875	5888	5902	5916	5929	5943	5957	5970	5984	5998	6012	
39	6026	6039	6053	6067	6081	6095	6109	6124	6138	6152	6166	6180	6194	6209	6223	6237	6252	6266	6281	6295	
40	6310	6324	6339	6353	6368	6383	6397	6412	6427	6442	6457	6471	6486	6501	6516	6531	6546	6561	6577	6592	
41	6607	6622	6637	6653	6668	6683	6699	6714	6730	6745	6761	6776	6792	6808	6823	6839	6855	6871	6887	6902	
42	6918	6934	6950	6966	6982	6998	7015	7031	7047	7063	7079	7096	7112	7129	7145	7161	7178	7194	7211	7228	
43	7244	7261	7278	7295	7311	7328	7345	7362	7379	7396	7413	7430	7447	7464	7482	7499	7516	7534	7551	7568	
44	7586	7603	7621	7638	7656	7674	7691	7709	7727	7745	7762	7780	7798	7816	7834	7852	7870	7889	7907	7925	
45	7943	7962	7980	7998	8017	8035	8054	8072	8091	8110	8128	8147	8166	8185	8204	8222	8241	8260	8279	8299	
46	8318	8337	8356	8375	8395	8414	8433	8453	8472	8492	8511	8531	8551	8570	8590	8610	8630	8650	8670	8690	
47	8710	8730	8750	8770	8790	8810	8831	8851	8872	8892	8913	8933	8954	8974	8995	9016	9036	9057	9078	9099	
48	9120	9141	9162	9183	9204	9226	9247	9268	9290	9311	9333	9354	9376	9397	9419	9441	9462	9484	9506	9528	
49	9550	9572	9594	9616	9638	9661	9683	9705	9727	9750	9772	9795	9817	9840	9863	9886	9908	9931	9954	9977	1000
50	1000																				

代表 1005，而第 2 行的第 6 点代表 1109。每行的最末尾也添上一个点，它和下一行的第 1 个点代表同一个数。例如：整个表的右上角那个点和第 0 行的第 1 个点，同时代表 1000；而第 49 行末一个点（第 21 个点）和表的左下角附加那个小矩形的左下顶点，也同时代表 1000；第 12 行末一点和 13 行头一个点，同时代表 1820；等等。

这样，图上总共有 $50 \times 21 + 2 = 1052$ 个点。其中有 4 个点代表同一个数 1000（4 角），有 98 个点代表 49 个数（每行的最末尾和下一行的第 1 个点代表同一个数），其余 950 个点各代表一个数，总共 1000 个数。这些点统称格点。

对每个格点 A，可以给出它的坐标（x_A、y_A）。x_A 代表 A 所在的行号码，y_A 代表列号码。通常 x_A 从 0 取到 49，而 y_A 从 0 取到 20。此外，在第 -1 行只有一个点（-1，20），代表 1000；在第 50 行也只有一个点（50，0），也代表 1000。

A 点所代表的数记作 $P(A)$。我们来分析一下，$\lg P(A)$ 和 A 的坐标有什么关系。由于点子每右移一格，它所代表的数的对数增加 0.001，每下移一格，所代表数的对数增加 0.020。由此可见，若 $A = (x_A, y_A)$，则有：

$$\lg P(A) \equiv 0.020x_A + 0.001y_A (\bmod 1)。$$

我们用"$\overset{*}{=\!=\!=}$"表示两边的数的有效数字相同，则

$$P(A) \overset{*}{=\!=\!=} 10^{0.020x_A + 0.001y_A}。$$

这两个公式便是我们进一步讨论的基础。

从这两个公式可以看出：第 k 行的右端点和第 $k+1$ 行的左端点代表同一个数。这是因为，对于

$$A = (k, 20), B = (k+1, 0)$$

必有：

$$\lg P(A) \equiv 0.020k + 0.001 \times 20$$
$$= 0.020 \times (k+1) + 0.001 \times 0$$
$$\equiv \lg P(B) \,(\mathrm{mod}\, 1)\,。$$

下面讨论这些格点的几何性质：

（i）若 $ABCD$ 为平行四边形，则必有

$$P(A):P(B) \stackrel{*}{=\!=\!=} P(D):P(C),$$

或者说 $P(A)P(C) \stackrel{*}{=\!=\!=} P(B)P(D)$，反之亦然。

证明： 根据解析几何的知识，或直接在圆上用全等三角形来证明，都可知道当 $ABCD$ 为平行四边形时，它们的坐标 (x_A, y_A)，(x_B, y_B)，(x_C, y_C)，(x_D, y_D) 之间应满足关系：

$$x_A - x_B = x_D - x_C, \tag{1}$$

$$y_A - y_B = y_D - y_C。 \tag{2}$$

用 0.020 乘（1）式，0.001 乘（2）式，再相加可得

$$(0.020x_A + 0.001y_A) - (0.020x_B + 0.001y_B)$$
$$= (0.020x_D + 0.001y_D) - (0.020x_C + 0.001y_C),$$

亦即

$$\lg P(A) - \lg P(B) \equiv \lg P(D) - \lg P(C) \,(\mathrm{mod}\, 1)\,。$$

∴ $$P(A):P(B)\overset{*}{=\!=\!=\!=}P(D):P(C)。$$

（ii）若 A、B、C 3 点共线，且 B 在 AC 线段上，$AC = \lambda AB$，则

$$P(B)^{\lambda}\overset{*}{=\!=\!=\!=}P(C)\cdot P(A)^{\lambda-1}。$$

证明：由 $AC = \lambda AB$ 可知：

$$x_A - x_C = \lambda(x_A - x_B), \tag{3}$$

$$y_A - y_C = \lambda(y_A - y_B)。 \tag{4}$$

用 0.020 乘（3），0.001 乘（4），再相加得：

$$\lg P(A) - \lg P(C) \equiv \lambda(\lg P(A) - \lg P(B))(\mathrm{mod}\ 1)。$$

∴ $$P(A):P(C)\overset{*}{=\!=\!=\!=}P(A)^{\lambda}:P(B)^{\lambda}。$$

∴ $$P(B)^{\lambda}\overset{*}{=\!=\!=\!=}P(C)\cdot P(A)^{\lambda-1}。$$

作为推论，我们得到：若 B 是 A、C 的中点（即 $\lambda = 2$），则 $P(B)$ 与 $P(C)$、$P(A)$ 的比例中项仅相差一个 10^n 因子。

下面的性质，也许是最为有趣的了：

（iii）记 $M = (-1,20)$，$N = (0,0)$，作直线 MN。又设 A、B、C 是 3 个格点。过 B 作 MN 的平行线，交 AC 于 D（如下页图 3 - 17）。若 $AC = \lambda AD$，则必有：

$$P(B)^{\lambda}\overset{*}{=\!=\!=\!=}P(C)\cdot P(A)^{\lambda-1}。$$

证明：如果我们对所有的点都赋予坐标，且仍以（0，0）为原点，并保持格点坐标不变，则直线 MN 的方程为

$$20x + y = 0。$$

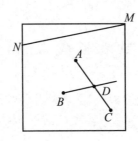

图 3 - 17

而 $BD /\!/ MN$，故 BD 方程为

$$20x + y = 20x_D + y_D。 \tag{5}$$

由 $AC = \lambda AD$ 可知：

$$x_A - x_C = \lambda(x_A - x_D), \tag{6}$$

$$y_A - y_C = \lambda(y_A - y_D), \tag{7}$$

用 0.020 乘（6），0.001 乘（7），再相加得：

$$(0.020x_A + 0.001y_A) - (0.020x_C + 0.001y_C)$$

$$= \lambda[(0.020x_A + 0.001y_A) - (0.020x_D + 0.001y_D)]。 \tag{8}$$

由于 B 在 BD 上，把 B 的坐标 (x_B, y_B) 代入（5）：

$$20x_B + y_B = 20x_D + y_D,$$

即

$$0.020x_B + 0.001y_B = 0.020x_D + 0.001y_D。 \tag{9}$$

把（9）代入（8）的右端，得

$$\lg P(A) - \lg P(C) \equiv \lambda(\lg P(A) - \lg P(B)) \quad (\bmod 1)。$$

$$\therefore \qquad P(B)^\lambda \stackrel{*}{=\!=\!=} P(C) \cdot P(A)^{\lambda-1}。$$

把反对数表当成乘除计算图

根据上面所证明的整体反对数表的几何性质，特别是性质（i），可以把这表当成乘、除算图来使用。但是，不能直接在表上画平行四边形来作计算，因为画上几次，表上就一塌糊涂了！

我们建议用以下方法来实现表上的计算过程。找一张和表一样大小的透明塑料片。例如，可以用幻灯纸，洗净了的 X 光胶片，甚至厚一点的聚氯乙烯薄膜也可以。在塑料片上用针或圆珠笔画上和整体对数表边框一样大小的矩形，矩形的 4 角相当于 4 个"1000"所在的位置，画上 4 个小长方形。把这 4 个小长方形叫做"输出位"。上边的两个输出位用红色标出，下面的用蓝色标出。在这个塑料片上写一个"正"字，以免弄反了方向。以下，把这个塑料片叫做"透明片"。

下面我们来分别介绍除法、乘法和比例计算法。

除法

把透明片放在表上，使 4 角的输出位对准 4 个"1000"，即在输出位读到的恰是"1000"，这个步骤以下简称"对正"。在除数 $D(A)$ 所在的位置，用钢笔画一个小长方形，把除数正好套住，这个步骤以下叫做"在 $D(A)$ 处画记号"。（如果要简便，这个记号也可以不画小长方形，而仅仅画出小长方形左边的一条边，即在格点 A 处向上画一条竖直的线段，其长度为行宽。）然后平移透明片，使所画的记号对准被除数。这时，4 个输出位中必然有一个落在表内，在输出位处便可读到商的 4 位有效数字。

这 4 步概括起来便是：对正，在除数处画记号，记号对着被除数，在输出位读答案。

道理何在呢？设我们最后在右上角的那个输出位读到了答案 $P(C)$。记右上角点为 M，除数位置在 A，被除数位置在 B，由于平移，$MABC$ 成为平行四边形。由性质（i），可知

$$P(M):P(A)\overset{*}{=\!=\!=}P(C):P(B)，$$

但 $P(M) = 1000$，故

$$P(C)\overset{*}{=\!=\!=}\frac{P(B)}{P(A)}。$$

由于我们得到的读数仅仅是所求商的有效数字，故最后还要定位，定位规则是：

（1）若商在蓝色输出位读出，则

商的位数 = 被除数位数 − 除数位数；

（2）若商在红色输出位读出，则

商的位数 = 被除数位数 − 除数位数 + 1。

这个规则的证明，请读者作为练习自行完成。至于一个数的位数，是指其首位有效数字与小数点的"有向距离"。例如：43.4，61，37.125 都是 2 位数；8，1.5 是 1 位数；0.33，0.105 是 0 位数；0.0094，0.00881 是负 2 位（−2 位）；等等。

乘法

第一步仍是对正；第二步在乘数处画记号；第三步是把透明片旋转 $180°$，即使"正"字向下；第四步是把记号对准被乘数，最后在输出位读到积的有效数字。

道理是这样的：若以 M 记输出位原位（即角上的点），A 记乘数位置，B 记被乘数位置，C 记答数处，则由于平移和 $180°$ 旋转，$AMBC$ 恰为平行四边形，因而 $P(A) \cdot P(B) \overset{*}{=\!=\!=} P(M) \cdot P(C)$，但 $P(M) = 1000$，故 $P(C) \overset{*}{=\!=\!=} P(A) \cdot P(B)$。

定位法如下：

（1）若答案在蓝色输出位读出，则

积的位数 = 相乘两数位数之和；

（2）若答案在红色输出位读出，则

积的位数 = 相乘两数位数之和 -1。

解比例式

$$\frac{a}{x} = \frac{b}{c}。$$

第一步，适当选择一个输出位，把它套住 a 所在的矩形格，使 b 落在透明片的大方框之内（不然，就换一个输出位）；第二步在 b 处画记号；第三步平移透明片使记号对准 c，最后在输出位读出 x 的有效数字。

原理从略，读者不难用平行四边形法则导出。定位法则如下（注意我们在计算过程中，两次使用了输出位）：

（1）若两次所用的输出位同色，则

x 位数 $= a$ 位数 $+ c$ 位数 $- b$ 位数。

（2）若两次不同色，在蓝色输出位读答数：

x 位数 $= a$ 位数 $+ c$ 位数 $- b$ 位数 $- 1$。

（3）若两次不同色，在红色输出位读答数：

x 位数 $= a$ 位数 $+ c$ 位数 $- b$ 位数 $+ 1$。

开平方

利用性质（ii）中关于比例中项的推论，容易想到把 a 的代表点 A 与 1000 的代表点 B 连接，则 AB 的中点应当是 $\sqrt{a}$ 的有效数字的代表点。

但是，这里有两个问题：

第一，1000 有 4 个代表点，和哪一个相连呢？回答是：

若 a 的位数为奇数，则行号为偶数时和左上角连，行号为奇数时和右上角连；

若 a 的位数为偶数，则行号为偶数时和左下角连，行号为奇数时和右下角连。

概括为：位数定上下，奇上偶下；行号定左右，奇右偶左。其中道理，留给读者思考。

第二，AB 的中点 C 如果不是正好落在格点时怎么办？

按照上述连线法，可以保证 C 点落在格点所在的水平线上，即落在格点或两个同行的格点之间。（这时，用一根直尺，或利用透明片上的边线很容易找到 AB 的中点 C。方法是应用平面几何里的"等距平行线把线段等分"的原理。）这时，可利用比例内插法读出答数的前 4 位有效数字。

例如，求 $\sqrt{2}$ 的算法如下：2 是奇数位，而 2000 在 15 行，按奇上奇右，把 2000 的代表点 A 与右上角 1000 的代表点 B 连接，其中点在第 7 行 1413 与 1416 的代表点之间，取平均值为 1414.5。定位后得 1.4145，误差小于 0.0003。

如果在表上找不到被开方数 a 的代表格点，也可用比例内插法定 A 的位置。如求 $\sqrt{30}$ 时，在表上没有 3000，在第 23 行找到 2999 和 3006，两者差 7，而 3000 – 2999 = 1，于是就在 2999 和 3006 两点间，靠近前者约 $\frac{1}{7}$ 处定下 3000 的点 A，再按偶下奇右的原则，把 A 与右下角点连线，其中点在 5470 和 5483 之间，故 $\sqrt{30}$ 约为 5.477。

举一反三，精益求精

除了反对数表，还有平方表、开方表、倒数表、三角函数表……把它们排成整体表，又会有什么几何性质与规律呢？用它们又可以进行些什么计算呢？

肯定地说，这里面确实大有文章。利用平方表，可以作勾股计算——知道直角三角形两边求第三边；利用倒数表，可以计算并联电阻、串联电容以及透镜焦距；利用正弦对数表，可以计算斜三角形的边和角；利用二重反对数表（$\lg(\lg x)$ 的反函数），可以计算多次方根，如 $\sqrt[100]{2}$；等等。

这样把总体表当成算图使用，其精度往往比一般算图要高，而且制图方法简便——只要在方格纸上抄一下便行了。

当然，还可以精益求精。例如如何缩小表的尺寸，如何使表上出现的数字是连续数字而避免使用比例内插法，都有进一步的方法。这种"总体表图算法"将使大家对数表刮目相看，从似乎是枯燥死板的一堆堆数码里找到无穷的乐趣。

多项式除法
与高次方程的数值求解

　　中学课程里讲了一次和二次方程的求根公式，在一般数学手册中，还可以查到三次和四次方程的求根公式。但五次和更高次的方程，却没有一般的求根公式了。三次和四次的方程虽有求根公式，由于很繁，大家也不大用到。通常，求三次以上的方程的根，都用数值求解的方法。

　　数值求解，是用一定的计算步骤，求出方程根的具体的小数表示。而方程的根往往不能用有限小数表示，所以，数值求解的结果，通常不是根的准确值，而是近似值。

　　有人觉得近似值不如准确值好，这种看法比较片面。实际上真正有用的还是近似值。比如，二次方程 $x^2 - 2 = 0$ 的正根是 $\sqrt{2}$，$\sqrt{2}$ 是准确值。但在很多场合下，这个 $\sqrt{2}$ 解决不了问题，倒是它的近似值 1.414 才管用。不信，你到商店买 $\sqrt{2}$ 米布试试！

　　所以，即使有了求根公式，根的数值计算仍很必要。对没有求根公式的高次方程，数值计算更是唯一可行的求根方法了。

本文从多项式带余除法出发，介绍一些高次方程的根的数值计算方法。这些方法可以求实系数或复系数多项式的实根或复根。方法的原理和误差的估计，都可以用代数知识加以说明。

一次余式法

设 $n \geq 2$，$a_0 \neq 0$，a_0，a_1，$\cdots$，a_n 是实数或复数，考虑 n 次代数方程

$$f(x) = a_0 x^n + a_1 x^{n-1} + \cdots + a_{n-1} x + a_n \text{。} \tag{1}$$

我们的目的，是求（1）的某几个根或全体根的足够精确的数值。

下面这个简单的事实，提供了高次方程数值求解的一种重要方法。

定理 1 若用二次多项式 $p(x) = (x - x_0)(x - x_1)$ 除 $f(x)$，余式为 $ax + b$，商式为 $Q(x)$：

$$f(x) = Q(x)(x - x_0)(x - x_1) + ax + b\text{。} \tag{2}$$

而 x^* 是（1）的根，则当 $a \neq 0$ 时有：

$$x^* + \frac{b}{a} = -\frac{Q(x^*)}{a}(x^* - x_0)(x^* - x_1)\text{。} \tag{3}$$

证明： 把 $x = x^*$ 代入（2）中，则左端为 0，移项即得（3）。观察（3），可知当 x_0、x_1 和 x^* 非常接近时，如果 $\left| \dfrac{1}{a} Q(x^*) \right|$ 不太大，

则 $-\dfrac{b}{a}$ 和 x^* 将更接近。于是得到：

推论 1　若 x_0，x_1 是（1）的某个根 x^* 的近似值，其误差为 $\mid x^* - x_0 \mid < \delta_0$，$\mid x^* - x_1 \mid < \delta_1$，则由（2）给出的 $x_2 = -\dfrac{b}{a}$ 满足：

$$\mid x^* - x_2 \mid < \left| \dfrac{Q(x^*)}{a} \right| \delta_0 \delta_1 。$$

由推论 1，如果令 $\mid x^* - x_2 \mid = \delta_2$，则当 $\left| \dfrac{Q(x^*)\delta_0}{a} \right| < 1$ 时，$\delta_2 < \delta_1$。不妨设 $\delta_1 < \delta_0$，则 x_0，x_1，x_2 是一个比一个更好的 x^* 的近似值。再用 x_2 代替 x_0，重复定理 1 中的步骤，可得到更为精确的 x^* 的近似值。

在具体计算时，可先用 $(x - x_0)$ 除 $f(x)$，得

$$f(x) = Q_0(x)(x - x_0) + c_0 。 \tag{4}$$

再用 $(x - x_1)$ 除 $Q_0(x)$，得

$$Q_0(x) = Q_1(x)(x - x_1) + c_1 , \tag{5}$$

代入（4）得

$$f(x) = [Q_1(x)(x - x_1) + c_1](x - x_0) + c_0$$

$$= Q_1(x)(x - x_0)(x - x_1) + c_1(x - x_0) + c_0 。 \tag{6}$$

比较（2）与（6），可得

$$Q(x) = Q_1(x) , \quad a = c_1 , \quad b = -c_1 x_0 + c_0 ,$$

从而 $x_2 = -\dfrac{b}{a} = x_0 - \dfrac{c_0}{c_1}$。这样，计算过程可以简便一些。

例 1　求方程 $f(x) = x^3 - 2x - 5 = 0$ 在 2 与 3 之间的实根的近似值。

解：由于 $f(2) < 0$，$f(3) > 0$，故 2 与 3 之间确有实根 x^*。设 $x_0 = 3$，$x_1 = 2$，用 $(x-3)$ 除 $f(x)$，其简便除法算式为：

$$x_0 = 3 \begin{array}{|cccc} 1 & 0 & -2 & -5 \cdots\cdots f(x) \\ & 1 & 3 & 7 \qquad \boxed{16} \cdots\cdots c_0 = 16 \end{array}$$

$$\text{商} \, (x^2 + 3x + 7) = Q_0(x)$$

具体步骤是：

1——照写在 1 之下，

$1 \times 3 + 0 = 3$——写在 0 之下，

$3 \times 3 + (-2) = 7$——写在 -2 之下，

$7 \times 3 + (-5) = 16$——写在 -5 之下。

其正确性读者可自行验证，这里不再赘述。

再用 $(x-2)$ 除 $Q_0(x)$：

$$x_1 = 2 \begin{array}{|ccc} 1 & 3 & 7 \cdots\cdots Q_0(x) \\ & 1 & 5 \qquad \boxed{17} \cdots\cdots c_1 = 17 \end{array}$$

$$\text{商} \, (x+5) = Q(x)$$

由此得到：

$$x_2 = x_0 - \frac{c_0}{c_1} = 3 - \frac{16}{17} = \frac{35}{17} \approx 2.06,$$

误差估计为（由推论 1）：

$$| x^* - x_2 | < \left| \frac{Q(x^*)}{a}(x^* - x_0)(x^* - x_1) \right|$$

$$< \frac{(x^* + 5)}{17} | (x^* - x_0)(x^* - x_1) |$$

$$\leq \frac{8}{17} \times \frac{1}{4} < 0.12。$$

因此，可取 x_2 的两位有效数字 $x_2 = 2.1$ 代替 x_0，重复上述步骤，求得更准确的近似值。

应用推论 1 来作根的计算，要从两个初值 x_0，x_1 出发。其实，从一个初值出发也可以，因为定理 1 中并没有要求 $x_0 \neq x_1$。取 $x_0 = x_1$ 的特殊情形，得到：

推论 2 若 x_0 是（1）式的某个根 x^* 的近似值，$| x^* - x_0 | < \delta_0$，用 $(x - x_0)^2$ 除 $f(x)$ 后，除法算式为

$$f(x) = Q(x)(x - x_0)^2 + ax + b,$$

则当 $a \neq 0$ 时，

$$x^* + \frac{b}{a} = \frac{Q(x^*)}{a}(x^* - x_0)^2。$$

故若令 $x_1 = -\frac{b}{a}$，则：

$$| x^* - x_1 | \leq \left| \frac{Q(x^*)}{a}(x^* - x_0)^2 \right|。$$

例 2 取初值 $x_0 = 2$，计算方程 $f(x) = x^3 - 2x - 5 = 0$ 的实根 x^* 的近似值。

解： 用 $(x - 2)$ 除 $f(x)$，再用 $(x - 2)$ 除所得的商，其简易算

式为：

$$x_0 = 2 \begin{vmatrix} 1 & 0 & -2 & -5\cdots\cdots f(x) \\ 1 & 2 & 2 & \boxed{-1}\cdots\cdots c_0 \\ 1 & 4 & \boxed{10}\cdots\cdots c_1 = a, & b = c_0 - c_1 x_0 \end{vmatrix}$$

$$Q(x) = x + 4,$$

$$\therefore \qquad x_1 = x_0 - \frac{c_0}{c_1} = 2 - (-0.1) = 2.1_\circ$$

其误差估计为：$|x^* - x_1| \leqslant \dfrac{|x^* + 4|}{10}|x^* - 2|^2$。

由于 $x^* - x_1 = -\dfrac{1}{a}Q(x^*)(x^* - x_0)^2 < 0$，故 $x^* < x_1$，即 $x_0 < x^* <$

x_1，故 $(x^* - x_0)^2 = (x^* - 2)^2 < 0.1^2$，从而得

$$|x^* - x_1| \leqslant \frac{6.1}{10} \times 0.01 = 0.0061_\circ$$

若用 $x_1 = 2.1$ 代替 x_0 再做一次：

$$x_1 = 2.1 \begin{vmatrix} 1 & 0 & -2 & -5\cdots\cdots f(x) \\ 1 & 2.1 & 2.41 & \boxed{0.061}\cdots\cdots c_0 \\ 1 & 4.2 & \boxed{11.23}\cdots\cdots c_1 \end{vmatrix}$$

$$Q(x) = x + 4.2$$

$$\therefore \qquad x_2 = x_1 - \frac{c_0}{c_1} = 2.1 - \frac{0.061}{11.23} = 2.09457_\circ$$

其误差估计为：$|x^* - x_2| \leqslant \dfrac{6.3}{11.23} \times 0.0061^2 \leqslant 0.000025$。实际上误

差是 0.000021，说明误差估计也相当准确了。

例3 若已知 $a^{\frac{1}{n}}$ 的近似值 x_0，用推论2所述方法，求 $a^{\frac{1}{n}}$ 的更精确的近似值。

解： 此问题为求方程 $f(x) = x^n - a = 0$ 的数值解。用 $(x - x_0)$ 除 $f(x)$，再用它除所得的商，写出算式：

$$x_0 \left|
\begin{array}{cccccccc}
1 & 0 & 0 & \cdots & & 0 & 0 & -a\cdots\cdots f(x) \\
1 & x_0 & x_0^2 & \cdots & x_0^{n-2} & x_0^{n-1} & \boxed{x_0^n - a} & \cdots c_0 \\
1 & 2x_0 & 3x_0^2 & \cdots & (n-1)x_0^{n-2} & \boxed{na_0^{n-1}} & \cdots & c_1
\end{array}
\right.$$

$$Q(x) = x^{n-2} + 2x_0 x^{n-3} + 3x_0^2 x^{n-4} + \cdots + (n-1)x_0^{n-2}。$$

$$\therefore \qquad x_1 = x_0 - \frac{x_0^n - a}{nx_0^{n-1}} = x_0\left(1 - \frac{1}{n}\right) + \frac{a}{nx_0^{n-1}}。 \qquad (7)$$

误差估计为：

$$|x^* - x_1| = \frac{-Q(x^*)}{nx_0^{n-1}}(x^* - x_0)^2$$

$$= \frac{-1}{nx_0}\left[\left(\frac{x^*}{x_0}\right)^{n-2} + 2\left(\frac{x^*}{x_0}\right)^{n-3} + \cdots + (n-1)\right](x^* - x_0)^2。$$

$$(8)$$

举一个具体计算的例子。我们在一般的平方根表上，可以查到 $\sqrt{2} = 1.414$，有4位有效数字。如果我们需要更多位数的有效数字，就可以利用关系式（7）把 $\sqrt{2} = 1.414$ 这个近似值改进得更准确。在（7）中取 $x_0 = 1.414$，$a = 2$，$n = 2$，得到

$$x_1 = \frac{1.414}{2} + \frac{1}{1.414} = 1.414214。$$

其误差估计按（8）得：

$$| \sqrt{2} - x_1 | \leqslant \frac{1}{2 \times 1.414} | \sqrt{2} - 1.414 |^2 < \frac{0.0005^2}{2.828} < 0.0000001 ,$$

可见所得的 7 位有效数字都是准备的。

二次余式法

很容易想到：在定理 1 中，如果用三次多项式除 $f(x)$，所得二次余式的两根之一，应当和 $f(x)$ 的根 x^* 比较接近。事实上有：

定理 2　用三次多项式 $(x-x_0)(x-x_1)(x-x_2)$ 除 $f(x)$，设商为 $Q(x)$，余式为 $ax^2 + bx + c$，又设 α_1，α_2 是方程 $ax^2 + bx + c = 0$ 的两个根，而 x^* 是 $f(x) = 0$ 的根，则有：

$$(x^* - \alpha_1)(x^* - \alpha_2) = -\frac{Q(x^*)}{a}(x^* - x_0)(x^* - x_1)(x^* - x_2) 。$$

$$(9)$$

证明：由除法算式：

$f(x) = Q(x)(x-x_0)(x-x_1)(x-x_2) + ax^2 + bx + c$，两端用 $x = x^*$ 代入，并利用所设条件：

$$ax^2 + bx + c = a(x - \alpha_1)(x - \alpha_2) ,$$

移项即得（9）。

按照定理 2，如果我们有了 x^* 的 3 个近似值 x_0，x_1，x_2，便可用 $(x-x_0)(x-x_1)(x-x_2)$ 除 $f(x)$，然后把所得二次余式的两根之一，

作为 x^* 的更进一步的近似值，并利用（9）来估计误差。

如果我们不愿意从 3 个近似值出发，也可以取一个近似值 x_0，用 $(x-x_0)^3$ 除 $f(x)$。因为在定理 2 中，并没有要求 x_0，x_1，x_2 是 3 个不同的数。

下面仍以方程 $x^3-2x-5=0$ 为例。

例 4　以 $x_0=x_1=x_2=2$ 为初值，用定理 2 所述方法计算方程 $f(x)=x^3-2x-5=0$ 的实根 x^* 的近似值。

解：用 $(x-2)^3=x^3-6x^2+12x-8$ 除 $f(x)$，得除法算式

$$f(x)=(x-2)^3+6x^2-14x+3$$

这时 $Q(x)=1$，余式为 $6x^2-14x+3$，而

$$6x^2-14x+3=6\left(x-\frac{7+\sqrt{31}}{6}\right)\left(x-\frac{7-\sqrt{31}}{6}\right),$$

故由（9）可知：

$$\left(x^*-\frac{7+\sqrt{31}}{6}\right)\left(x^*-\frac{7-\sqrt{31}}{6}\right)=-\frac{1}{6}(x^*-2)^3。$$

由 $x^*>2$，可估出 $x^*-\dfrac{7+\sqrt{31}}{6}<0$，故

$$x^*<\frac{7+\sqrt{31}}{6}=2.0946。$$

$\therefore$　　$|x^*-2|<0.1$，又 $x^*-\dfrac{7-\sqrt{31}}{6}>1.7$，

$\therefore$　　$\left|x^*-\dfrac{7+\sqrt{31}}{6}\right|<\dfrac{1}{6\times1.7}\times0.1^3\leqslant0.0001。$

由此可见：

$$x^* \approx \frac{7 + \sqrt{31}}{6} = 2.0946,$$

其误差不超过 0.0001。

如果仍不满足要求，可用 $(x - 2.0946)^3$ 除 $f(x)$，重复以上的计算步骤。

一般说来，用定理 2 的方法，计算工作量比用定理 1 的方法要大，但误差要更小一些，因此还是合算的。

劈二次因子法

二次方程的根是容易求的。因此，如果把 $f(x)$ 分解成一些二次多项式的乘积，便可以求出 $f(x) = 0$ 的诸根。如果找到了 $f(x)$ 的一个二次因式，便得到了 $f(x)$ 的两个根。如果找到了 $f(x)$ 的一个近似二次因式，就可以得到 $f(x)$ 的两个根的近似值。计算 $f(x)$ 的某个二次因式的方法，通常叫做"劈因子法"。下面介绍的是一种比较简单的劈因子法。

想求 $f(x)$ 的二次因式 $\omega^*(x)$，可先找一个近似因式叫 $\omega_0(x)$，对 $\omega_0(x)$ 加以修正使它更为准确。其修正的方法是：用 $[\omega_0(x)]^2$ 除 $f(x)$，得余式 $R_1(x)$；再用 $[\omega_0(x)]^2$ 除 $xf(x)$，得余式 $R_2(x)$。通常，$R_1(x)$ 和 $R_2(x)$ 都是三次多项式。适当取实数或复数 λ_1 和 λ_2，使

$$\lambda_1 R_1(x) + \lambda_2 R_2(x) = x^2 + p_1 x + q_1 = \omega_1(x),$$

则 $\omega_1(x)$ 即为所求修正二次因子。再用 $\omega_1(x)$ 代替 $\omega_0(x)$，反复进行。

与上述说法等价的说法是：将 $[\omega(x)]^2$ 与 $f(x)$ 辗转相除，取其二次余式 $c\,\omega_1(x)$，$\omega_1(x)$ 即为修正二次因子。

下面，我们讨论一下这种方法的误差估计问题。设用 $\omega_0^2(x)$ 除 $f(x)$ 的算式为：

$$f(x) = \omega_0^2(x) Q(x) + R_1(x),$$

用 $\omega^2(x)$ 除 $x f(x)$ 的算式为：

$$x f(x) = \omega_0^2(x) [x Q(x) + q] + R_2(x)。$$

设 a_1，a_2 分别为 R_1，R_2 的三次项系数，则有：

$$a\,\omega_1(x) = a_2 R_1(x) - a_1 R_2(x),$$

以及

$$(a_2 - a_1 x) f(x) = \omega_0^2(x) [(a_2 - a_1 x) Q(x) - q a_1] + a \omega_1(x)。 \quad (10)$$

设 $f(x)$ 的准确二次因式 $\omega^*(x) = (x - x_1^*)(x - x_2^*)$，而

$$\omega_0(x) = (x - x_1)(x - x_2), \quad \omega_1(x) = (x - \widetilde{x}_1)(x - \widetilde{x}_2)。$$

在 (10) 中，分别取 $x = x_1^*$，$x = x_2^*$，得：

$$0 = \omega_0^2(x_1^*) [(a_2 - a_1 x_1^*) Q(x_1^*) - q a_1] + a \omega_1(x_1^*),$$

$$0 = \omega_0^2(x_2^*) [(a_2 - a_1 x_2^*) Q(x_2^*) - q a_1] + a \omega_1(x_2^*)。$$

由此可解出：

$$x_1^* - \widetilde{x}_1 = \frac{(x_1^* - x_2)^2}{a(x_1^* - \widetilde{x}_2)} [q a_1 - (a_2 - a_1 x_1^*) Q(x_1^*)] (x_1^* - x_1)^2,$$

$$x_2^* - \widetilde{x}_2 = \frac{(x_2^* - x_1)^2}{a\ (x_2^* - \widetilde{x}_1)} [qa_1 - (a_2 - a_1 x_2^*) Q(x_2^*)] (x_2^* - x_2)^2。$$

由此可以看出，若 $\omega_0(x)$ 和 $\omega^*(x)$ 很接近时，即 $|x_1^* - x_1|$，$|x_2^* - x_2|$ 很小时，$|x_1^* - \widetilde{x}_1|$，$|x_2^* - \widetilde{x}_2|$ 也会很小。

由于劈二次因式的误差估计式比较繁琐，故我们通常把求得的根直接代入 $f(x)$ 来检验。

下面看两个计算实例：

例 5 以 $\omega_0(x) = x^2 + x + 1$ 为初始因子，劈出多项式 $F(x) = x^4 + x^2 + x + 1$ 的二次因子。

解：先算出 $\omega_0^2(x) = x^4 + 2x^3 + 3x^2 + 2x + 1$，写出除法算式：

$$
\begin{array}{c}
\hspace{7cm} 1 \quad -2 \\
\begin{array}{cccc|ccccc}
1 & 2 & 3 & 2 & 1 & & 1 & 0 & 1 & 1 & 1 \\
 & & & & & & 1 & 2 & 3 & 2 & 1 \\
\end{array}
\end{array}
$$

$$(-2, -2, -1, 0) \cdots\cdots R_1$$

相加　$-2, -4, -6, -4, -2$

$$(2, 5, 4, 2) \cdots\cdots R_2$$

$$(0, 3, 3, 2)$$

所以，$\omega_1(x) = x^2 + x + \dfrac{2}{3}$。用 $\omega_1(x)$ 代替 $\omega_0(x)$ 再做一次，算出

$$\omega_1^{2'}(x) = x^4 + 2x^3 + \frac{7}{3}x^2 + \frac{4}{3}x + \frac{4}{9},$$

$$\begin{array}{ccccc} & & & & 1 \quad -2 \\ 1 \quad 2 \quad \dfrac{7}{3} \quad \dfrac{4}{3} \quad \dfrac{4}{9} & \boxed{\begin{array}{ccccc} 1 & 0 & 1 & 1 & 1 \\ 1 & 2 & \dfrac{7}{3} & \dfrac{4}{3} & \dfrac{4}{9} \end{array}} \end{array}$$

$$-\frac{8}{3} \times \left(-2, \ -\frac{4}{3}, \ -\frac{1}{3}, \ \frac{5}{9}\right) \cdots\cdots R_1$$

$$-2, \ -4, \ -\frac{14}{3}, \ -\frac{8}{3}, \ -\frac{8}{9}$$

$$+2 \times \left(\frac{8}{3}, \ \frac{13}{3}, \ \frac{29}{9}, \ \frac{8}{9}\right) \cdots\cdots R_2$$

$$\left(0, \ \frac{46}{9}, \ \frac{50}{9}, \ \frac{88}{9}\right) \rightarrow \left(0, \ 1, \ \frac{25}{23}, \ \frac{44}{69}\right)$$

$$\therefore \qquad \omega_2(x) = x^2 + \frac{25}{23}x + \frac{44}{69}。$$

如再做一次，可得

$$\omega_3(x) = x^2 + \frac{24852759}{22699491}x + \frac{14588050}{22699491}$$

$$= x^2 + 1.09486x + 0.64266,$$

而 $f(x)$ 的准确分解式为：

$$f(x) = (x^2 + 1.094848x + 0.642661)(x^2 - 1.094848x + 1.55603),$$

可见 3 次已达到相当精确的程度。

　　例6 以 $\omega_0(x) = x^2 + 2x + 2$ 为初始因子，劈出 $F(x) = x^4 + 3x^3 + 9x^2 + 18x + 18$ 的二次因子。

　　解：$w_0^2(x) = x^4 + 4x^3 + 8x^2 + 8x + 4$。

写出除法算式如下：

$$
\begin{array}{ccccc}
 & & & 1 & -1 \\
1\ \ 4\ \ 8\ \ 8\ \ 4 & & 1 & 3 & 9 & 18 & 18 \\
 & & 1 & 4 & 8 & 8 & 4
\end{array}
$$

$$-5 \times (-1,\ 1,\ 10,\ 14)\cdots\cdots R_1$$

相加 $\quad -1,\ -4,\ -8,\ -8,\ -4$

$$(5,\ \ 18,\ \ 22,\ \ 4)\cdots\cdots R_2$$

$$(0,\ \ 23,\ \ 72,\ \ 74)$$

$$\therefore \quad \omega_1(x) = x^2 + \frac{72}{23}x + \frac{74}{23} = x^2 + 3.13x + 3.22,$$

再做一次：

$$\omega_2(x) = x^2 + 3.007x + 3.0009。$$

而 $f(x)$ 的一个准确因子是 $\omega^*(x) = x^2 + 3x + 3$，可见两次已相当精确。

实用中的两个问题

看了以上介绍的方法，容易提出这样的问题：

（1）怎样取得初始近似根 x_0 或初始近似的二次因式 $\omega_0(x)$？

（2）当初始近似根 x_0 或初始近似因式 $\omega_0(x)$ 的近似程度足够好时，能不能保证按所述方法一次一次做下去，可以得到任意精确程度的根或任意精确程度的二次因式？

先谈一下第二个问题：可以证明，如果所求的根 x^* 不是 $f(x)=0$ 的重根，或所求的二次因式不是 $f(x)$ 的重因式，那么，只要 x_0 或 $\omega_0(x)$ 的近似程度足够好，一次一次做下去，一定可以得到任意精确程度的根或二次因式。至于要找到怎样的 x_0 或 $\omega_0(x)$ 才算近似程度"足够好"，这要根据 $f(x)$ 的具体情况来判断，这里不再详述了。

如果所求根 x^* 不是单根而是重根，或所求的准确二次因式是 $f(x)$ 的重因式，应用上述方法时则应当除去 $f(x)$ 的重根或重因式。除去的方法，是把 $f(x)$ 与 $f(x)$ 的"导数多项式"

$$f'(x) = na_0x^{n-1} + (n-1)a_1x^{n-2} + \cdots + xa_{n-2}x + a_{n-1}$$

辗转相除，求出 $f(x)$ 与 $f'(x)$ 的最大公因式 $q(x)$，则 $\dfrac{f(x)}{q(x)}$ 便是从 $f(x)$ 中去掉重根、重因子后所得的多项式。即若 x^* 是 $f(x)$ 的单根，则它也是 $\dfrac{f(x)}{q(x)}$ 的单根；若 x^* 是 $f(x)$ 的 $k(k\geq2)$ 重根，则它是 $\dfrac{f(x)}{q(x)}$ 的单根且是 $q(x)$ 的 $k-1$ 重根。对 $\dfrac{f(x)}{q(x)}$ 用上述方法，就可以求得 $f(x)$ 的全体根而不用担心重根的影响了。

下面再谈一下，怎样取得 x^* 的初始近似值 x_0 或 $\omega^*(x)$ 的初始近似因式 $\omega_0(x)$ 的问题。

如果 $f(x)$ 的系数都是实数，我们要求的 x^* 是 $f(x)$ 的实的单根，则我们可以用观察和试探的方法确定 x^* 所在的区间，然后逐步缩小这个区间，到一定程度，用区间的中点作为 x^* 的近似值。观察和试探的原则基于下列两条：

（1）若 $a < b$，$f(a)$ 与 $f(b)$ 异号，则在 a 与 b 之间有 $f(x) = 0$ 的一个实根。

（2）若 $f(a)$ 与 $f(b)$ 异号，$a < c < b$，则若 c 不是 $f(x) = 0$ 的根，就有 $f(a)$ 与 $f(c)$ 异号，或者 $f(c)$ 与 $f(b)$ 异号。

根据这两条，我们可以先找出两点 a、b，使 $f(a)$、$f(b)$ 异号，这使我们断定 $f(x) = 0$ 在 a、b 之间至少有一个根。取 c 为 $[a, b]$ 的中点，即 $c = \dfrac{a + b}{2}$，如果 $f(a)$ 与 $f(c)$ 异号，可知 a 与 c 之间有一个根。这样反复做下去，当然也可以找到一个根的近似值，而且要多近似有多近似，不过计算量很大。如果这样先做几次，然后再利用上面讲的余式法，就可以很快找到 x^* 的相当准确的近似值。

仍以方程 $x^3 - 2x - 5 = 0$ 为例。由观察可知 $f(0) < 0$，$f(3) > 0$，故在 0 与 3 之间有根。而 $f\left(\dfrac{0 + 3}{2}\right) = f\left(\dfrac{3}{2}\right) < 0$，故在 $\dfrac{3}{2}$ 与 3 之间有根。再取 $\dfrac{3}{2}$ 与 3 之间的中值 2.25 代入，得 $f(2.25) \approx 1.9$，$|f(2.25)|$ 不算大，故 2.25 可以作为初始近似值 x_0 使用了。如再做下去，可得到：

$$\frac{2.25 + 1.5}{2} = 1.875, \quad f(1.875) < 0,$$

$$\frac{1.875 + 2.25}{2} = 2.0625,$$

2.0625 已是根的相当好的近似值了。

但是，以上所讲的方法仅仅适用于实系数多项式的实根，而不能用来劈出 $f(x)$ 的二次因子。下面介绍的方法，则适用于实系数、复系数的多项式，可以求复根的近似值，并且可以用来求劈二次因式的初始因子。

所要讲的方法，基于下述定理：

定理 若复系数无重根，n 次多项式 $f(x)$ 的 n 个根 α_1，α_2，$\cdots$ α_n 满足：

$$|\alpha_1| \leqslant |\alpha_2| \leqslant \cdots \leqslant |\alpha_k| < |\alpha_{k+1}| \leqslant \cdots \leqslant |\alpha_n|,$$

则当自然数 l 充分大时，将 $f(x)$ 与 x^l 辗转相除，必有某一余式 $R_{p,l}(x)$ 次数为 k。设 $R_{p,l}(x)$ 的首项系数为 $a_{p,l}$，则：

$$\lim_{l \to +\infty} \frac{1}{a_{p,l}} R_{p,l}(x) = \prod_{i=1}^{k}(x - \alpha_i)。$$

基于这个定理，如果 $f(x)$ 有一个绝对值最大的根 x^*，我们可以这样来找 x^* 的初始近似值：取一个比较大的 l，用 $f(x)$ 除 x^l，设余式

$$R_l(x) = b_{l,0}x^{n-1} + b_{l,1}x^{n-2} + \cdots + b_{l,n-1}。$$

由定理可知，

$$\frac{b_{l,1}}{b_{l,0}} \approx -(\alpha_1 + \alpha_2 + \cdots + \alpha_{n-1}),$$

而 $f(x)$ 的系数与根之间的关系为

$$\frac{a_1}{a_0} = -(\alpha_1 + \alpha_2 + \cdots + \alpha_n),$$

因此

$$\frac{b_{l,1}}{b_{l,0}} - \frac{a_1}{a_0} \approx \alpha_n,$$

即可以取作绝对值最大的根 α_n 的初始近似。在应用此法时，只要注意观察 $f(x)$ 除 x^l 的余式标准化形式 $\frac{1}{b_{l,0}} R_l(x)$ 当 l 变化时的情形即可。如果当 l 变化时它的诸系数趋于几何常数，便可以初步断言 $f(x)=0$ 有一个模最大根，而且可按上述方法估计它的近似值。

如果 $\frac{1}{b_{l,0}} R_l(x)$ 的诸系数中有的变化无常，随 l 的增大不趋于常数，可初步推断 $f(x)=0$ 没有模最大的根。但如果 $f(x)$ 有一对模最大的共轭复根（或非共轭复根），则用 $R_l(x)$ 再除 $f(x)$ 得 $(n-2)$ 次余式 $R_{l,1}(x)$。当 l 足够大时，其诸根趋于 α_1，α_2，$\cdots$，α_{n-2}，这一点是上述定理的直接推论。此时若

$$R_{l,1} = b_{l,0}^{(1)} x^{n-2} + b_{l,1}^{(1)} x^{n-3} + \cdots + b_{l,n-2}^{(1)},$$

则由定理可知，当 l 较大时有

$$\begin{cases} (b_{l,0}^{(1)})^{-1} b_{l,1}^{(1)} \approx -(\alpha_1 + \alpha_2 + \cdots + \alpha_{n-2}), \\ (b_{l,0}^{(1)})^{-1} b_{l,n-2}^{(1)} \approx (-1)^{n-2} \alpha_1 \alpha_2 \cdots \alpha_{n-2} \, 。 \end{cases}$$

但又有 $-\dfrac{\alpha_1}{\alpha_0} = \alpha_1 + \cdots + \alpha_n,$ $\dfrac{\alpha_n}{\alpha_0} = (-1)^n \alpha_1 \cdots \alpha_n,$

故得

$$\begin{cases} p_0 = \dfrac{a_1}{a_0} - \dfrac{b_{l,1}^{(1)}}{b_{l,0}^{(1)}} \approx -(\alpha_{n-1} + \alpha_n), \\[4mm] q_0 = \dfrac{a_n}{a_0} \bigg/ \dfrac{b_{l,1}^{(1)}}{b_{l,0}^{(1)}} \approx \alpha_{n-1} \cdot \alpha_n \, 。 \end{cases}$$

从而可取 $\omega_0(x) = x^2 + p_0 x + q_0$ 作为 $f(x)$ 的一个近似因式，再由它出发，用第三节中的方法做下去。

由定理还可知道：把 $f(x)$ 与 x^l 辗转相除到底，其一次余式和二次余式也是有用的。如果 $f(x)$ 有模最小的根 β，当 l 充分大时，一次余式的根必然趋近于 β；若 $f(x)$ 有一对模最小的根（当 $f(x)$ 是实系数多项式时，这通常是一对共轭复根），则二次余式将是与此二根相对应的 $f(x)$ 的近似二次因式。因此，当 $f(x)$ 有模最大（小）的一个或两个根时，利用 $f(x)$ 与 x^l 辗转相除的余式，总可以求得这些根的近似值。

比较所得的诸余式，还可以估出别的根的近似值。例如，当

$$|\alpha_1| \leqslant \cdots \leqslant |\alpha_{s-1}| < |\alpha_s| < |\alpha_{s+1}| \leqslant \cdots \leqslant |\alpha_n| \qquad (11)$$

时，由定理可知当 l 足够大时，其 s 次余式的根是 $\alpha_1, \cdots, \alpha_s$ 的近似值，而 $s-1$ 次余式的根是 $\alpha_1, \cdots, \alpha_{s-1}$ 的近似值，比较两个余式的系数，可以估出 α_s 的近似值。

类似地，当

$$|\alpha_1| \leqslant \cdots \leqslant |\alpha_{s-1}| < |\alpha_s| \leqslant |\alpha_{s+1}| < |\alpha_{s+2}| \leqslant \cdots \leqslant |\alpha_n|$$
$$\qquad (12)$$

时，比较辗转相除所得的 $s+1$ 次余式和 $s-1$ 次余式的系数，可得 $\alpha_s + \alpha_{s+1}$，$\alpha_s \cdot \alpha_{s+1}$ 的近似值，从而得到 $f(x)$ 的近似二次因式。

如果凑巧以上的情况都不发生——$f(x)$ 没有模最大（小）的一或两个根，且 (11)、(12) 的情形也不出现，可以用变换 $y = x + A$，取

$$F(y) = f(y - A) = f(x),$$

则 $F(y)=0$ 的根 y^* 减 A 后可得 $f(x)=0$ 的根。顺次取 $A=\pm1$，±2，±3，…或任意其他易于计算的值，经过有限次变换和上述的除法，一定可以求出 $f(x)$ 的各个根来。

余式法的几何意义

如果 $f(x)$ 的系数都是实的，则 $y=f(x)$ 的曲线图可以在直角坐标系中表示出来。用 $g(x)$ 除 $f(x)$，得余式 $r(x)$：

$$f(x)=Q(x)g(x)+r(x), \tag{13}$$

那么，$r(x)$ 的曲线图和 $f(x)$ 的曲线图之间有什么关系呢？

设 $g(x)$ 是 k 次多项式，$k\leqslant n$，则 $r(x)$ 一般说来是 $k-1$ 次多项式。如果 $g(x)$ 的 k 个根都是实根，t_1，t_2，…，t_k，把它们代入 (13)，可见：

$$f(t_i)=r(t_i) \quad (i=1,2,\cdots,k)，$$

曲线 $y=r(x)$ 与 $y=f(x)$ 相交于 k 个点 $(t_i,f(t_i))$ $(i=1,2,\cdots,k)$。

因此，在第一节所述的一次余式法中，$y=ax+b$ 其实是过两点 $(x_0,f(x_0))$，$(x_1,f(x_1))$ 的一条直线，即曲线 $y=f(x)$ 的过这两点的弦。一次余式法，也就是用直线 $y=ax+b$ 与 x 轴的交点横坐标 x_1 来近似曲线 $y=f(x)$ 与 x 轴的交点横坐标 x^*。而当 $x_0=x_1$ 时，弦变成了切线，故一次余式法可分为弦法与切线法两种。

在第二节所讲的二次余式法中，余式

$$y = ax^2 + bx + c$$

的曲线是一条和 $y = f(x)$ 的曲线交于 3 点的抛物线，所以二次余式法也可以叫"抛物线"法。它是目前计算机上常用的求根方法之一。

　　这些方法也可以进一步推广到求超越方程的根，但那就不能再用除法算式来说明和表达了。

稳扎稳打的对分求根法

从查找线路故障谈起

在一个风雨交加的夜晚，某水库闸房到防洪指挥部的电话线突然断了。10 千米长的线路，究竟在哪里发生了故障？怎样才能迅速查出故障所在？

如果我们沿着线路一小段一小段地查是很困难的。因为电线不一定完全沿公路架设，而且每查一个点就要爬一次电线杆子，10 千米长大约有 200 多根电线杆子呢！

幸亏维修线路的工人师傅有经验，很快便找出了故障。他是怎么做的呢？他首先在线路中点检查，爬上电线杆，用随身带的电话机向两端通话，发现从中点到闸房畅通无阻，从中点到指挥部不灵了，于是要检查的线路减少了一半。如下页图 3 - 18，A、B 分别代表闸房与指挥部，C 是 AB 的中点。再到 BC 的中点 D 查一下，这次发现 D 到指挥部 B 的电话通了，可见故障在 CD 段上。在 CD 中点 E 再查，发现 E 到闸房的电话通了，问题就出在 DE 段上，DE 段上差

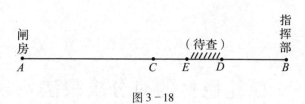

图 3－18

不多只有 25 根电线杆。这样查下去，再查 4 次，便可以把故障发生的可能范围缩小到一两根电线杆的附近。用这种方法，前后一共才查找了 7 次，比顺次检查要合算多了。

这种查找线路的方法叫对分法。对分法不仅可用于查找线路故障（电线、水管、气管的故障），还能在科学实验中大显身手。另外，它还是方程求根的常用方法。

用对分法求方程的根

求一次或二次方程的根，有公式可循。三次或四次方程也能在数学手册上查到求根公式，但很麻烦，很少有人用它。至于更高次的方程，就没有求根公式了。在科学研究和工程技术中，还常常碰到所谓"超越方程"，这种方程更没有求根公式。

没有公式也难不倒数学家，他们想了种种办法来直接求根的数值。各种各样的方法有共同的思想，就是逐步逼近，精益求精。

罗丹是一位著名的雕刻艺术家，有人问他如何雕出栩栩如生的人像，他风趣地回答："那还不容易！拿一块石头来，把多余的部分砍掉就是了。"

　　但是，究竟哪一部分是多余的呢？这不是一下子就能定下来的。先要砍去一些显然是多余的石头，再在这个基础上按照自己的艺术构思刻成大概的人体模样，再一次次地修整、打磨，最后才能成为一件精美绝伦的艺术品。

　　用逐步逼近法求根也是这样，先找出根的大致范围，再定出一个不太精确的近似值，一步一步把误差消灭掉，直到令人满意为止。

　　逐步逼近法多种多样，其中最简单的，也是用途最广的方法，就是对分法。看个具体例子：如图 3-19，直线 l 把半径为 R 的圆分成两块，要想使较小的一块是圆面积的 $\dfrac{1}{3}$，怎样确定 l 的位置呢？

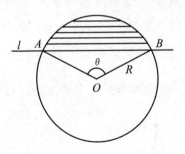

图 3-19

　　设 l 交圆周于 A、B，$\theta = \angle AOB$，则 θ 的大小确定 l 的位置。这时，扇形 $\overparen{OAB}$ 的面积是 $\dfrac{\theta}{2\pi} \cdot \pi R^2 = \dfrac{1}{2}\theta R^2$，而 $\triangle OAB$ 的面积是 $\dfrac{1}{2}R^2 \sin \theta$。于是，要解决的问题是找出满足下列条件的 θ：

$$\frac{1}{2}\theta R^2 - \frac{1}{2}R^2 \sin \theta = \frac{1}{3}\pi R^2。$$

化简之后得到关于 θ 的方程：

$$f(\theta) = 2\pi + 3\sin \theta - 3\theta = 0 。$$

当 $\theta = 0$ 时，

$$f(0) = 2\pi + 3\sin 0 - 3 \times 0 = 2\pi > 0;$$

当 $\theta = \pi$ 时，

$$f(\pi) = 2\pi + 3\sin \pi - 3\pi = -\pi < 0 。$$

所以，当 θ 连续地从 0 变化到 π 时，$f(\theta)$ 就连续地从正数 2π 变到 $-\pi$。这样，θ 取到 0 与 π 之间的某个值 θ^* 时，会使 $f(\theta^*) = 0$。θ^* 就是我们要找的根。

直观地看，在直角坐标系中画出函数 $y = f(\theta)$ 的曲线，如图 3-20。这条曲线一端在横轴上方，另一端在横轴下方，所以它应与横轴交于某点 P，P 的横坐标就是 θ^*。既然 θ^* 在 0 与 π 之间，就取 $\theta_0 = \dfrac{1}{2}(0 + \pi) = \dfrac{\pi}{2}$ 作为准确根 θ^* 的近似值。计算一下 $f(\theta_0)$：

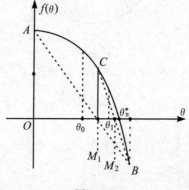

图 3-20

$$f(\theta_0) = 2\pi + 3\sin\frac{\pi}{2} - \frac{3\pi}{2} = 4.57\cdots > 0_\circ$$

可见 θ^* 在 θ_0 与 π 之间，又取

$$\theta_1 = \frac{1}{2}(\theta_0 + \pi) = \frac{3}{4}\pi,$$

$$f(\theta_1) = 2\pi + 3\sin\frac{3\pi}{4} - \frac{9\pi}{4} = 1.33\cdots > 0;$$

可见 θ^* 在 θ_1 与 π 之间，取

$$\theta_2 = \frac{1}{2}(\theta_1 + \pi) = \frac{1}{2}\left(\frac{3}{4}\pi + \pi\right) = \frac{7}{8}\pi,$$

$$f(\theta_2) = 2\pi + 3\sin\frac{7\pi}{8} - \frac{21}{8}\pi = -0.8\cdots < 0;$$

$f(\theta_1)$ 与 $f(\theta_2)$ 反号，θ^* 在 θ_1 与 θ_2 之间，取

$$\theta_3 = \frac{1}{2}(\theta_1 + \theta_2) = \frac{1}{2}\left(\frac{3}{4}\pi + \frac{7}{8}\pi\right) = \frac{13}{16}\pi,$$

$$f(\theta_3) = 2\pi + 3\sin\frac{13}{16}\pi - \frac{39}{16}\pi = 0.29\cdots > 0;$$

这表明 θ^* 在 θ_2 与 θ_3 之间，取

$$\theta_4 = \frac{1}{2}(\theta_2 + \theta_3) = \frac{1}{2}\left(\frac{7}{8}\pi + \frac{13}{16}\pi\right) = \frac{27}{32}\pi,$$

$$f(\theta_4) = 2\pi + 3\sin\frac{27}{32}\pi - \frac{81}{32}\pi = -0.25\cdots < 0_\circ$$

于是又可以取 θ_3 与 θ_4 的平均值为 θ_5：

$$\theta_5 = \frac{1}{2}(\theta_3 + \theta_4) = \frac{1}{2}\left(\frac{13}{16}\pi + \frac{27}{32}\pi\right) = \frac{53}{64}\pi,$$

$$f(\theta_5) = 2\pi + 3\sin\frac{53}{64}\pi - \frac{159}{64}\pi = 0.02 > 0 ;$$

接着,

$$\theta_6 = \frac{1}{2}(\theta_4 + \theta_5) = \frac{1}{2}\left(\frac{53}{64}\pi + \frac{27}{32}\pi\right) = \frac{107}{128}\pi,$$

$$f(\theta_6) = 2\pi + 3\sin\frac{107}{128}\pi - \frac{321}{128}\pi = -0.11\cdots < 0 ;$$

$$\theta_7 = \frac{1}{2}(\theta_5 + \theta_6) = \frac{1}{2}\left(\frac{107}{128}\pi + \frac{53}{64}\right)\pi = \frac{213}{256}\pi,$$

$$f(\theta_7) = 2\pi + 3\sin\frac{213}{256}\pi - \frac{639}{256}\pi = -0.047\cdots < 0 ;$$

于是,θ^* 在 θ_7 与 θ_5 之间。如果取 θ_5 与 θ_7 的平均值

$$\theta_8 = \frac{1}{2}(\theta_5 + \theta_7) = \frac{1}{2}\left(\frac{53}{64}\pi + \frac{213}{256}\pi\right)$$

$$= \frac{425}{512}\pi \approx 0.83\pi \approx 2.608$$

为 θ^* 的近似值,误差不超过

$$\frac{1}{2}\mid \theta_7 - \theta_5 \mid = \frac{1}{2}\left|\frac{213}{256}\pi - \frac{53}{64}\pi\right| = \frac{\pi}{512} < 0.007 ,$$

已经相当准确了。如果你对它还不满意,可以如法继续对分下去。每分一次,误差就少了一半。

对分法的特点是稳扎稳打。只要方程左端随未知数的变化而连续变化,而且找到两个值使左端变号,最后总能捉到一个根。不过,有时可能还有别的根,这就要用别的办法来确定了。

可惜，对分法要算较多的次数，也就是说"收敛"得还比较慢。那能不能快一点呢？

略加改进，立见效果

观察 202 页图 3－20，曲线的左端离横轴要远些，右端近些。你会猜到：曲线和横轴的交点很可能偏左一点。偏多少呢？就说不定了。

比较方便的办法是像图 3－20 那样，连一条弦 AB，再求出 AB 与横轴的交点 M_1。设 M_1 的横坐标是 $\tilde{\theta}_0$，根据相似三角形对应边成比例，可以求出：

$$\tilde{\theta}_0 = \frac{f(0)}{f(0) - f(\pi)} \cdot \pi = \frac{2\pi}{3\pi} \cdot \pi = \frac{2\pi}{3}。$$

这比刚才的 $\theta_0 = \dfrac{\pi}{2}$ 果然要强些。

如图 3－20，进一步求点 $C(\tilde{\theta}_0, f(\tilde{\theta}_0))$ 与 B 连成的弦与横轴的交点 M_2，M_2 的横坐标为 $\tilde{\theta}_1$，

$$\tilde{\theta}_1 = \tilde{\theta}_0 + \frac{f(\tilde{\theta}_0)}{f(\tilde{\theta}_0) - f(\pi)} \cdot \frac{\pi}{3} = \frac{2\pi}{3} + \frac{2.6}{2.6 + \pi} \cdot \frac{\pi}{3}$$

$$= 0.818\pi。$$

因为 $f(\tilde{\theta}_1) \approx 0.2 > 0$，所以 θ^* 在 $\tilde{\theta}_1$ 与 π 之间。再做一次，求出：

$$\tilde{\theta}_2 = \tilde{\theta}_1 + \frac{0.2}{0.2+\pi}(\pi - 0.818\pi) = 0.829\pi。$$

因为 $|f(\tilde{\theta}_2)| < 0.0053$，而 $|f(\theta_8)| > 0.012$，可见 $\tilde{\theta}_2$ 比 θ_8 要更好一点。

而且，求 θ_8 要计算 8 次 $f(\theta)$，而求 $\tilde{\theta}_2$ 才算了 3 次，可见这点改进收到了立竿见影的效果！

这种改进的方法叫弦法。它比二分法收敛得快，但程序略微复杂一些。

第四篇　数林一叶

消点法浅谈

几何题千变万化，全无定法，这似乎已成为几千年来人们的共识。1950 年代，塔斯基证明一切初等几何及初等代数命题均可判定，即有一统一方法加以解决，这使人们吃了一惊。但塔斯基方法极繁，即使在高速计算机上也难以用它证明稍难的几何定理。到了 1970 年代，吴文俊院士提出的新方法，使几何定理证明的机械化由梦想变为现实。应用吴法编写的计算机程序，可以在 PC 机上用几秒钟的时间证明颇不简单的几何定理。继吴法之后，在国外出现了 GB 法，国内又提出了数值并行法。这些方法本质上均属于代数方法，都能成功地在微机上实现非平凡几何定理的证明。

但是，用这些代数方法证明几何命题时，计算机只是简单地告诉你"命题为真"，或"命题不真"。如果你要问个为什么，所得到的回答是一大堆令人眼花缭乱的计算过程。你很难用笔来检验它是否正确，更谈不上从机器给出的证明中得到多少启发，这当然不能令人满意。

能不能让机器产生出简短而易于理解的证明呢？这对数学家、计算机科学家，特别是对人工智能的专家来说，是一个挑战性的课题。1992 年 5 月，笔者应邀访美，对这一问题着手研究。我们[1]在面积方法的基础上，提出消点算法，使这一难题得到突破。基于我们的方法所编写的程序，已在微机上证明了 600 多条较难的平面几何与立体几何的定理。所产生的证明，大多数是简捷而易于理解的，有时甚至比数学家给出的证法还要简短漂亮。

更重要的是，这种方法也可以不用计算机而由人用笔在纸上执行。它本质上几乎是"万能"的几何证题法。

本文将用几个例题，浅近地介绍这种方法的基本思想。先看个最简单的例子。

例 1　求证：平行四边形对角线相互平分。

做几何题必先画图，画图的过程，就体现了题目中的假设条件。这个例题的图如图 4-1，它可以这样画出来：

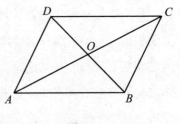

图 4-1

（1）任取不共线 3 点 A，B，C；

（2）取点 D 使 $DA /\!/ BC$，$DC /\!/ AB$；

（3）取 AC，BD 的交点 O。

这样一来，图中 5 个点的关系就很清楚：先得有 A，B，C，然后才有 D。有了 A，B，C，D，才能有 O。这种点之间的制约关系，对解题至关重要。

---

①　美国维奇塔大学周咸青、北京中科院系统所高小山和笔者。

要证明的结论是 $AO = OC$，即 $\dfrac{AO}{CO} = 1$。我们的思路是：要证明的

等式左端有几个几何点 A，C，O 出现，右端却只有数字 1。如果想

办法把字母 A，C，O 统统消掉，不就水落石出了吗？在这种指导思

想下，我们首先着手从式子 $\dfrac{AO}{CO}$ 中消去最晚出现的点 O。

用什么办法消去一个点，这要看此点的来历，和它出现在什么

样的几何量之中。点 O 是由 AC，BD 相交而产生的，用共边定理

便得：

$$\frac{AO}{CO} = \frac{\triangle ABD}{\triangle CBD},$$

这就成功地消去了点 O。

下一步轮到消去点 D。根据点 D 的来历：$DA /\!/ BC$，故 $\triangle CBD =$

$\triangle ABC$；$DC /\!/ AB$，故 $\triangle ABD = \triangle ABC$。于是，一个简捷的证明产

生了：

$$\frac{AO}{CO} = \frac{\triangle ABD}{\triangle CBD} = \frac{\triangle ABC}{\triangle ABC} = 1。$$

例 2 设 $\triangle ABC$ 的两中线 AM，BN 交于 G，求证：$AG = 2GM$。

仍要先弄清作图过程，如图 $4 - 2$：

（1）任取不共线 3 点 A，B，C；

（2）取 AC 中点 N；

（3）取 BC 中点 M；

（4）取 AM，BN 交点 G。

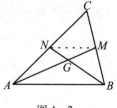

图 $4 - 2$

要证明 $AG = 2GM$，即 $\dfrac{AG}{GM} = 2$，我们应当顺次消去待证结论左端的点 G，M 和 N。其过程为

$$\frac{AG}{GM} = \frac{\triangle ABN}{\triangle BMN} \qquad （用共边定理消去点 G）$$

$$= \frac{\triangle ABN}{\dfrac{1}{2}\triangle BCN} \qquad （由 M 是 BC 中点消去点 M）$$

$$= 2 \cdot \frac{\dfrac{1}{2}\triangle ABC}{\dfrac{1}{2}\triangle ABC} \qquad （由 N 是 AC 中点消去点 N）$$

$$= 2。$$

例 3　已知 $\triangle ABC$ 的高 BD，CE 交于 H，求证：

$$\frac{AC}{AB} = \frac{\cos \angle BAH}{\cos \angle CAH}。$$

此题结论可写成

$$AC\cos \angle CAH = AB\cos \angle BAH，$$

即 AB，AC 在直线 AH 上的投影相等，即 $AH \perp BC$。这和证明三角形三高交于一点是等价的。

如图 4-3，作图顺序是（1）A，B，C；（2）D，E；（3）H。具体作法从略。要证明

$$\frac{AC\cos \angle CAH}{AC\cos \angle BAH} = 1。$$

于是，关键是从上式左端消去 H。显

然有 $\cos \angle CAH = \dfrac{AD}{AH}$，$\cos \angle BAH = \dfrac{AE}{AH}$，

可得

$$\frac{AC\cos \angle CAH}{AB\cos \angle BAH} = \frac{AC \cdot AD \cdot AH}{AB \cdot AE \cdot AH} = \frac{AC \cdot AD}{AB \cdot AE}。$$

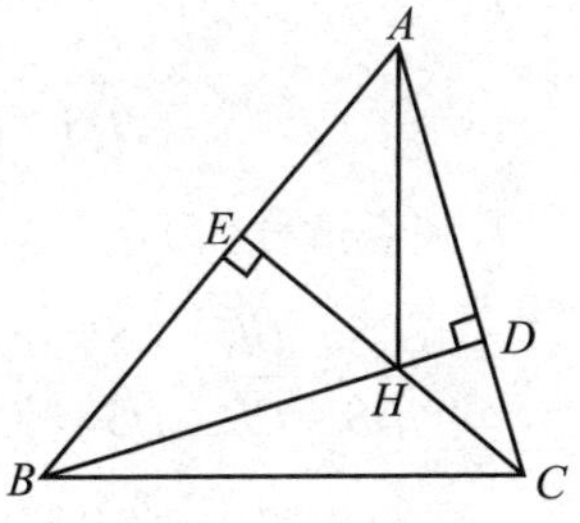

为了再消去 D，E，用等式 $AD = AB\cos \angle BAC$

及 $AE = AC\cos \angle BAC$ 代入，就证明了所要结论。

图 4-3

例 3 表明，消点不一定用面积方法，但面积法确是最常用的消点工具。

下面一例是著名的帕斯卡定理，这里写出的证法是计算机产生的。

例 4 设 A，B，C，D，E，F 6 点共圆。如图 4-4，AB 与 DF 交于 P，BC 与 EF 交于 Q，AE 与 DC 交于 S。求证：P，Q，S 在一直线上。

此题作图过程是清楚的：

（1）在一圆上任取 A，B，C，D，E，F 6 点；

（2）取 3 个交点 P，Q，S；

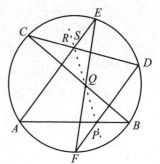

图 4-4

（3）设 PQ 与 CD 交于另一点 R，要证 P，Q，S 共线，只要证 R 与 S 重合，即证明

$$\frac{CS}{DS} = \frac{CR}{DR}, \quad 或 \frac{CS}{DS} \cdot \frac{DR}{CR} = 1 \text{ 即可。}$$

消点过程如下：

$$\frac{CS}{DS} \cdot \frac{DR}{CR} = \frac{CS}{DS} \cdot \frac{\angle DPQ}{\angle CPQ} \qquad (用共边定理消去 R)$$

$$= \frac{\triangle ACE}{\triangle ADE} \cdot \frac{\triangle DPQ}{\triangle CPQ} \qquad (用共边定理消去 S)$$

$$= \frac{\triangle ACE}{\triangle ADE} \cdot \frac{\triangle DEP \cdot \triangle BCF \cdot S_{BFCE}}{\triangle CEF \cdot \triangle BCP \cdot S_{BFCE}}$$

(消去点 Q，利用了等式：$\dfrac{\triangle DPQ}{\triangle DEP} = \dfrac{FQ}{FE} = \dfrac{\triangle BCF}{S_{BFCE}}$，$\dfrac{\triangle CPQ}{\triangle BCP} = \dfrac{CQ}{BC} = \dfrac{\triangle CEF}{S_{BFCE}}$，

S_{BFCE} 表四边形 $BFCE$ 之面积。)

$$= \frac{\triangle ACE}{\triangle ADE} \cdot \frac{\triangle BCF}{\triangle CEF} \cdot \frac{\triangle DFE \cdot \triangle ABD \cdot S_{ADBF}}{\triangle BDF \cdot \triangle ABC \cdot S_{ADBF}}$$

$\left(消点 P，由 \dfrac{\triangle DEP}{\triangle DFE} = \dfrac{DP}{DF} = \dfrac{\triangle ABD}{S_{ADBF}}，\dfrac{\triangle BCP}{\triangle ABC} = \dfrac{BP}{AB} = \dfrac{\triangle BDF}{S_{ADBF}}。\right)$

$$= \frac{AC \cdot AE \cdot CE}{AD \cdot AE \cdot DE} \cdot \frac{BC \cdot BF \cdot CF}{CE \cdot CF \cdot EF} \cdot \frac{DE \cdot DF \cdot EF}{BD \cdot BF \cdot DF} \cdot \frac{AB \cdot AD \cdot BD}{AB \cdot AC \cdot BC}$$

$$= 1 。$$

这里用到了圆内接三角形面积公式

$$\triangle ABC = \frac{AB \cdot AC \cdot BC}{2d} ,$$

其中 d 是 $\triangle ABC$ 外接圆直径。

我们再看看西姆松定理的机器证明：

例5 在△ABC 的外接圆上任取一点 D，自 D 向 BC，CA，AB 引垂线，垂足为 E，F，G。求证：E，F，G 3 点共线。

如图 4 - 5，我们可设直线 EF 与 AB 交于 H，然后只要证明 H 与 G 重合，即证明等式

$$\frac{AG}{BG} = \frac{AH}{BH}。$$

作图过程是清楚的：

（1）任取共圆 4 点 A，B，C，D；

（2）作垂足 E，F，G；

（3）取 EF 与 AB 交点 H。

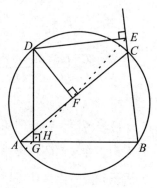

图 4 - 5

消点顺序是先消 H，再消 3 个垂足。

$$\frac{AG}{BG} \cdot \frac{BH}{AH}$$

$$= \frac{AG}{BG} \cdot \frac{\triangle BEF}{\triangle AEF} \qquad （用共边定理消点 H）$$

$$= \frac{AD\cos \angle DAB}{BD\cos \angle DBA} \cdot \frac{\triangle BEF}{\triangle AEF} \qquad （用余弦性质消点）$$

$$= \frac{AD \cdot \cos \angle DAB}{BD \cdot \cos \angle DBA} \cdot \frac{\triangle BEA \cdot CD \cdot \cos \angle ACD}{\triangle AEC \cdot AD\cos \angle DAC}$$

$$\left（消点 F，用等式 \frac{\triangle BEF}{\triangle BEA} = \frac{CF}{AC} = \frac{CD\cos \angle ACD}{AC}, \quad \frac{\triangle AEF}{\triangle AEC} = \frac{AF}{AC} = \frac{AD\cos \angle DAC}{AC}。\right）$$

$$= \frac{CD\cos \angle DAB \cdot \triangle BEA}{BD\cos \angle DAC \cdot \triangle AEC} \qquad （化简，由 \angle DBA = \angle ACD）$$

$$= \frac{CD \cdot \cos \angle DAB}{BD \cdot \cos \angle DAC} \cdot \frac{BD \cdot \cos \angle DBC}{CD \cdot \cos \angle DAB}$$

$$\left(\text{消点 } E, \text{ 用等式 } \frac{\triangle BEA}{\triangle ABC} = \frac{BE}{BC} = \frac{BD\cos \angle DBC}{BC}, \right.$$

$$\left. \frac{\triangle AEC}{\triangle ABC} = \frac{CE}{BC} = \frac{CD\cos \angle DCE}{BC} = \frac{CD\cos \angle DAB}{BC} \text{。} \right)$$

$=1$。　　　　　　　　　　　　　　（因 $\angle DBC = \angle DAC$）

应当说明，在我们的推导中，严格说来应当用有向线段比和带号面积。在我们的程序中，确实是如此。但对于具体的图，用通常的面积和线段比也能说明问题时，添上正负号反而使一部分读者看起来困难，因而就从简了。

下面的例题，用 1990 年浙江省中考试题，用消点法可以机械地解出。

例6　如图 4-6，E 是正方形 $ABCD$ 对角线 AC 上一点。$AF \perp BE$，交 BD 于 G，F 是垂足。求证：$\triangle EAB \cong \triangle GDA$。

在 $\triangle EAB$ 和 $\triangle GDA$ 中，显然已知 $DA = AB$，并且 $\angle EAB = \angle GDA = 45°$，故只要证明

$DG = AE$，即 $\dfrac{OG}{OE} = 1$。

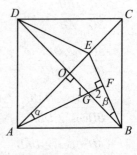

图 4-6

作图过程为：

（1）作正方形 $ABCD$，对角线交于点 O；

（2）在 AC 上任取一点 E；

（3）自 A 向 BE 引垂线，垂足为 F；

（4）取 AF 与 BD 交点 G。

消点过程很简单，如图 4-6，注意到 $\alpha = \beta$ 便得：

$$\frac{OG}{OE} = \frac{AO\tan \alpha}{OE} = \frac{AO\tan \angle FAE}{OE} \qquad (\text{消去 } G)$$

$$= \frac{AO\tan \angle EBO}{OE} \qquad (\text{消去 } F)$$

$$= \frac{AO}{OE} \cdot \frac{OE}{OB} = \frac{AO}{BO} = 1。$$

用消点法，有时能解相当难的问题。1993 年我国国际数学奥林匹克选拔赛中，出了一道相当难的平面几何题。入选的 6 名选手中只有 3 名做出了此题。如果知道消点法，不但这 6 名解题能手不会在这个题上失分，许多具有一般功力的中学生也可能在规定的 90 分钟内解决它（选拔赛仿国际数学奥林匹克，每次 3 题，共 4 个半小时）。这就是下面的例题：

例7 如图 4-7，设 $\triangle ABC$ 的内心为 I，BC 边中点为 M，Q 在 IM 的延长线上并且 $IM = MQ$。AI 的延长线与 $\triangle ABC$ 的外接圆交于 D，DQ 与 $\triangle ABC$ 的外接圆交于 N。

求证：$AN + CN = BN$。

作图过程：

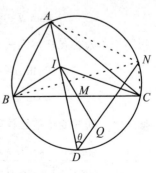

图 4-7

（1）任取不共线 3 点 A，B，C；

（2）取 $\triangle ABC$ 内心 I；

（3）取 BC 中点 M；

（4）延长 IM 至 Q，使 $MQ = IM$；

（5）延长 AI，与 $\triangle ABC$ 外接圆交于 D；

（6）直线 DQ 与 $\triangle ABC$ 外接圆交于 N。

消点顺序是：N，Q，M，D，I，$\cdots$

由于 AN，CN，BN 都是 $\triangle ABC$ 外接圆的弦，故如记 $\triangle ABC$ 外接圆直径为 d，则有

$$AN = d\sin \angle D, \quad BN = d\sin \angle BDN, \quad CN = d\sin \angle CBN。$$

记 $\angle D = \theta$，$\angle BAC = A$，$\angle ABC = B$，$\angle ACB = C$。则有

$$\angle BDN = \angle BDA + \angle D = C + \theta,$$

$$\angle CBN = B - \angle ABN = B - \theta。$$

于是，要证的等式化为

$$d\sin \theta + d\sin(B - \theta) = d\sin(C + \theta)。$$

利用和角公式展开，约去 d 得

$$\sin \theta + \sin B \cdot \cos \theta - \cos B \cdot \sin \theta$$

$$= \sin C \cdot \cos \theta + \cos C \cdot \sin \theta。$$

整理之，即知要证的结论等价于

$$\frac{\sin \theta}{\cos \theta} = \frac{\sin C - \sin B}{1 - \cos B - \cos C}, \qquad \text{（这时点 N 已消去）} \quad (1)$$

多数选手能做到这一点，但再向前就无从下手了。如果他知道

消点法，便会毫不犹豫地继续去消 Q 和 M。

由于 $\triangle IDQ = \dfrac{1}{2}ID \cdot QD\sin\theta$，故

$$\sin\theta = \frac{2\triangle IDQ}{ID \cdot QD};$$

于是得

$$\frac{\sin\theta}{\cos\theta} = \frac{2\triangle IDQ}{ID \cdot QD\cos\theta}, \tag{2}$$

而当前任务是消去 Q。由 M 是 IQ 中点得

$$\triangle IDQ = 2\triangle IDM,$$

及

$$QD\cos\theta = ID - IQ\cos\angle QID = ID - 2IM\cos\angle MID;$$

代入（2）得

$$\frac{\sin\theta}{\cos\theta} = \frac{4\triangle IDM}{(ID - 2IM\cos\angle MID) \cdot ID}, \quad (Q\text{ 点已消去})\tag{3}$$

由于 M 是 BC 中点，有

$$\triangle IDM = \frac{1}{2}(\triangle IDC - \triangle IDB),$$

（因为 $\triangle IDB + \triangle IDM = \triangle IDC - \triangle IDM$）

并且

$$IM\cos\angle MID = \frac{1}{2}(IB\cos\angle BID + IC\cos\angle CID)$$

（只要分别自 B、C、M 向 ID 作投影，便可看出）

$$= \frac{1}{2} \left(IB\cos\frac{A+B}{2} + IC\cos\frac{A+C}{2} \right)$$

$$= \frac{1}{2} \left(IB\sin\frac{C}{2} + IC\sin\frac{B}{2} \right)。$$

代入（3）得

$$\frac{\sin\theta}{\cos\theta} = \frac{2(\triangle IDC - \triangle IDB)}{\left(ID - IB\sin\dfrac{C}{2} - IC\sin\dfrac{B}{2} \right) \cdot ID}。 \qquad （消去 M）（4）$$

现在，问题已大大简化了。只要用面积公式与正弦定理，便可得：

$$\triangle IDC = \frac{1}{2}ID \cdot DC\sin\angle IDC = \frac{1}{2}ID \cdot DC\sin B,$$

$$\triangle IDB = \frac{1}{2}ID \cdot BD\sin\angle IDB = \frac{1}{2}ID \cdot DB\sin C,$$

$$\frac{IB}{ID} = \frac{\sin\angle ADB}{\sin\angle IBD} = \frac{\sin\angle C}{\sin\dfrac{A+B}{2}} = \frac{\sin C}{\cos\dfrac{C}{2}} = 2\sin\frac{C}{2},$$

$$\frac{IC}{ID} = \frac{\sin\angle ADC}{\sin\dfrac{A+C}{2}} = \frac{\sin B}{\cos\dfrac{B}{2}} = 2\sin\frac{B}{2},$$

$$\frac{DC}{ID} = \frac{BD}{ID} = \frac{\sin\angle BID}{\sin\angle IBD} = \frac{\sin\dfrac{A+B}{2}}{\sin\dfrac{A+B}{2}} = 1。$$

代入（4）后得：

$$\frac{\sin \theta}{\cos \theta} = \frac{ID \cdot DC \sin B - ID \cdot DB \sin C}{ID \cdot ID \left(1 - \frac{IB}{ID} \sin \frac{C}{2} - \frac{IC}{ID} \sin \frac{B}{2} \right)}$$

$$= \frac{\dfrac{DC}{ID} \sin B - \dfrac{DB}{ID} \sin C}{1 - 2 \sin^2 \dfrac{C}{2} - 2 \sin^2 \dfrac{B}{2}}$$

$$= \frac{\sin B - \sin C}{-1 + \cos C + \cos B}$$

$$= \frac{\sin C - \sin B}{1 - \cos B - \cos C} \, 。$$

这就是所要证的。这里最后一步用了半角公式：

$$\sin^2 \frac{C}{2} = \frac{1}{2} (1 - \cos C) \, 。$$

整个证明过程，心中有数，步步为营，繁而不乱。这是消点法的特点。

例 8（1994 年国际数学奥林匹克备用题） 如图 4 – 8，直线 AB 过半圆圆心 O，分别过 A，B 作圆 O 的切线，切圆 O 于 D，C。AC 与 BD 交于 E。自 E 作 AB 之垂线，垂足为 F，求证：EF 平分 $\angle CFD$。

如图，要证 $\angle DFE = \angle CFE$，即证明 $\angle DFA = \angle CFB$。自 D，C 向 AB 引垂线，垂足为 U，V，则要证的结论即为

$$\frac{DU}{UF} = \frac{CV}{VF}, \quad 即 \frac{DU}{CV} \cdot \frac{VF}{UF} = 1 \, 。$$

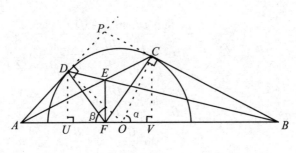

图 4-8

作图过程为：

（1）在圆 O 上任取两点 D，C；

（2）过 O 作直线，与圆 O 在 D，C 处的切线交于 A，B；

（3）取 AC 与 BD 交点 E；

（4）分别自 D，E，C 向 AB 作垂线，得垂足 U，F，V。要证的是

$$\frac{DU}{CV} \cdot \frac{VF}{UF} = 1。$$

设圆 O 的半径为 r，圆上两点 C，D 的位置分别用 $\angle COB = \alpha$，$\angle DOA = \beta$ 来描写，则

$$DU = r\sin\beta, \quad CV = r\sin\alpha。$$

$$\frac{VF}{AV} = \frac{CE}{AC} = \frac{\triangle BCD}{S_{ABCD}},$$

$$\frac{UF}{BU} = \frac{DE}{DB} = \frac{\triangle ACD}{S_{ABCD}},$$

于是得到：

$$\frac{DU}{CV} \cdot \frac{VF}{UF} = \frac{\sin \beta}{\sin \alpha} \cdot \frac{\triangle BCD \cdot AV}{\triangle ACD \cdot BU}° \quad （消去了 E、F）（1）$$

为了消去 U，V，可用等式

$$AV = AO + OV = \frac{r}{\cos \beta} + r\cos \alpha = \frac{r(1 + \cos \alpha\cos \beta)}{\cos \beta},$$

$$BU = BO + OU = \frac{r}{\cos \alpha} + r\cos \beta = \frac{r(1 + \cos \alpha\cos \beta)}{\cos \alpha},$$

代入（1）式得

$$\frac{DU}{DV} \cdot \frac{VF}{UF} = \frac{\sin \beta}{\sin \alpha} \cdot \frac{\cos \alpha}{\cos \beta} \cdot \frac{\triangle BCD}{\triangle ACD}°$$

$$（消去了 U、V）（2）$$

下面问题变得简单了，设 AD、BC 交于 P，则

$$\frac{\triangle BCD}{\triangle BPD} = \frac{BC}{BP}, \quad \frac{\triangle ACD}{\triangle ACP} = \frac{AD}{AP},$$

$$\therefore \quad \frac{\triangle BCD}{\triangle ACD} = \frac{BC \cdot AP \cdot \triangle BPD}{AD \cdot BP \cdot \triangle ACP}$$

$$= \frac{BC \cdot AP \cdot BP \cdot PD}{AD \cdot BP \cdot AP \cdot PC}$$

$$= \frac{BC \cdot PD}{AD \cdot PC} \quad （注意 PD = PC）$$

$$= \frac{r\tan \alpha}{r\tan \beta}$$

$$= \frac{\tan \alpha}{\tan \beta}°$$

代入（2）式即得

$$\frac{DU}{DV} \cdot \frac{VF}{UF} = \frac{\sin\beta}{\sin\alpha} \cdot \frac{\cos\alpha}{\cos\beta} \cdot \frac{\tan\alpha}{\tan\beta} = 1。$$

一般说来，只要题目中的条件可以用规尺作图表出，并且结论可以表成常用几何量（常用几何量包括面积、线段及角的三角函数）的多项式等式，总可以用消点法一步一步地写出解答。

读者一定关心这样的问题：计算机怎么知道在哪种情形下选择哪种公式来消点呢？

简单而直观的理解是：当要消去某点 P 时，一看 P 是怎么产生的，即 P 与其他点的关系；二看 P 处在哪种几何量之中，由于作图法只有有限种（设为 n 种），几何量也只有有限种（设为 m 种），故消点方式至多不外乎 $m \times n$ 种。这就是几何证题可以机械化的基本依据。

我们不妨把几何与算术对比一下。本来，算术中的四则应用题解法五花八门，灵活多变。有了代数方法之后，方程一列，万事大吉。初等几何虽有几千年的历史，但在解题方法的研究方面，大体上相当于算术中四则应用题的层次。消点法的出现，使初等几何解题方法的研究进入更高的层次——代数方法的层次。从此，几何证题有了以不变应万变的模式。

但是，消点法并没有结束几何解题方法的研究，相反，它给这一研究开辟了新的领域。目前，消点公式中便于机械化使用的主要是有关面积的一些命题。如何把行之有效的传统方法，如反证法、合同法、添加辅助线法等方法纳入机械化的框架，尚待探讨。

　　另一方面，在中学几何课程中有没有可能教给学生消点法呢？这是值得一试的。消点法把证明与作图联系起来，把几何推理与代数演算联系起来，使几何解题的逻辑性更强了。这个方向的教学实验如能成功，"几何好学题难做"的问题就彻底解决了。

举例子能证明几何定理吗

　　验证了一个三角形的内角和为 180°，就断言所有三角形的内角和都为 180°，从数学的逻辑来看，这是不是有点荒唐！但恰恰是数学回答说：不，这是完全可以的。请不要忘记：从有限能推断无限，正是数学的魅力所在。而例证法的发明，使演绎和归纳这两种逻辑方法，在更高的层次上达到了辩证统一。

　　两千多年来，已形成了这样的传统看法：要肯定一个数学命题成立，只有给出演绎的证明，举几个例子是不够的。

　　老师让学生在纸上画一些三角形，再用量角器量一量这些三角形的各个角，分别把同一个三角形的 3 个角的度数加起来。于是，同学们发现：三角形的内角和总是 180°。

　　这是人们认识事物规律的一种方法——归纳推理的方法，从大量事例中寻找一般规律。

　　但是，老师反过来又提出了这样的问题：三角形有无穷多种不同的样子，你们才测量了几个、几十个，怎么就知道所有的三角形内角和都是 180°呢？就是测量 1000 个、1 万个，也不能断定所有的三角形都有同样的内角和呀！再说，测量总是有误差的，你怎么知道 3 个角的度数和不是 179. 9999°，也不是 180. 00001°，而是不多不少的 180°呢？

于是，大家心服口服，开始认识到演绎推理的重要性，知道了要肯定一条几何命题是定理，必须给出证明，而举几个例子，是算不了证明的。

但是，近年来，我国的一些数学工作者提出了与这种传统看法大相径庭的见解。他们的研究结果表明：要肯定或否定一条初等几何命题（包括欧氏几何，以及各种非欧几何的命题），只要检验若干个数值实例就可以了。至于要检验多少个例子才够，则可以根据命题的"复杂"程度具体估算出来。检验时要计算，计算有误差怎么办？研究表明，只要误差不超过某个界限就行。这界限，也可以根据命题的"复杂"程度来确定。

用举例的方法证明定理，叫例证法。例证法不仅是理论上的探讨，而且确实能在计算机上或通过手算证明相当难的几何定理。人们还用它发现了有趣的新定理。

但是，这种违反传统的方法可靠吗？它的根据是什么？

要理解它的粗略道理，并不需要十分高深的数学知识，高中代数知识就差不多了。不过，要掌握每一个细节，却要下点功夫。

代数恒等式例证法

当例证法刚提出来的时候，国内外不少人都大为惊奇。其实，它的基本思想很平凡。从中学代数里不难找出例证法最简单的例子。

要证明恒等式

$$(x+1)(x-1) = x^2 - 1, \tag{1}$$

通常是把左端展开，合并同类项，比较两端同类项系数，便知分晓。

其实，也可以用数值检验。取 $x=0$，两端都是 -1；取 $x=1$，两端都是 0；取 $x=2$，两端都是 3。这便证明了式(1)是恒等式。

为什么呢？可用反证法证明我们的判断。若式(1)不是恒等式，它便是不高于二次的一元代数方程，这种方程至多有两个根。现在已有 $x=0,1,2$ 三个根了，就表明它不是一次或二次方程。这个矛盾证明了式(1)是恒等式。

一般说来，n 次代数方程不可能有 $n+1$ 个根。如果 $f(x)$ 和 $g(x)$ 都是不超过 n 次的多项式，而且有 x 的 $n+1$ 个不同的值 a_0，a_1，$\cdots$，a_n，使 $f(a_k) = g(a_k)$ $(k=0,1,\cdots,n)$，则等式 $f(x) = g(x)$ 是恒等式。

这就是说，要问一个单变元的代数等式是不是恒等式，只要用有限个变元的值代入检验，也就是举有限个例子，即可作出判断。例子要多少，这要看代数式的次数。如果次数不超过 n，则 $n+1$ 个例子便够了。

　　多变元的代数恒等式能不能用举例的方法来检验呢？回答是肯定的，因为我们有下面的

　　定理 1　设 $f(x_1, x_2, \cdots, x_m)$ 是 x_1，x_2，$\cdots$，x_m 的多项式，它关于 x_k 的次数不大于 n_k。对应于 $k = 1$，2，$\cdots$，m，取数组 $a_{k,l}(l = 0, 1, 2, \cdots, n_k)$，使得 $l_1 \neq l_2$ 时 $a_{k,l_1} \neq a_{k,l_2}$。如果对任一组 $\{l_1, l_2, \cdots, l_m, 0 \leq l_k \leq n_k\}$，都有

$$f(a_{1,l_1}, a_{2,l_2}, \cdots, a_{m,l_m}) = 0,$$

则 $f(x_1, x_2, \cdots, x_m)$ 是恒为零的多项式。

　　对变元的个数 m 用数学归纳法，很容易证明定理 1，兹不赘述。这里对定理 1 所提供的检验方法再略加解释。

　　首先，要估计 $f(x_1, x_2, \cdots, x_m)$ 关于各个变元 x_1，x_2，$\cdots$，x_m 的次数的上界。我们遇到的多项式 $f(x_1, x_2, \cdots, x_m)$ 通常是没经过整理的。如果整理好了，一眼便可看出是不是恒等于零。既然没整理好，它关于各个变元是多少次也不是一望而知的，所以要估计。

　　第二步是确定用哪些数值代入检验。这时，已估计好了 x_k 的次数不超过 n_k，那就让 x_k 这个变元取 $n_k + 1$ 个不同值，这 $n_k + 1$ 个不同的值 $a_{k,0}$，$a_{k,1}$，$a_{k,2}$，$\cdots$，a_{k,n_k} 组成有限集 A_k，$k = l$，2，$\cdots$，m。从 A_1，A_2，$\cdots$，A_m 中各取一个：从 A_1 中取 x_1 的一个值，从 A_2 中取 x_2 的一个值……从 A_m 中取 x_m 的一个值，这样便凑出一组 $(x_1, x_2, \cdots, x_m)$ 的值。因为 A_k 中有 $n_k + 1$ 个数，所以一共可以凑出 $(n_1 + 1)(n_2 + 1) \cdots (n_k + 1)$ 个数组来。这些数组构成的集合，叫做规模为 $(n_1 + 1)(n_2 + 1) \cdots (n_k + 1)$ 的一个"格阵"。

最后，将格阵中的每组值都代入 $f(x_1, x_2, \cdots, x_m)$ 加以检验。若有一组代进去使 $f(x_1, x_2, \cdots, x_m) \neq 0$，那么当然不会有 f 恒为零。若每一组值都使 $f(x_1, x_2, \cdots, x_m) = 0$，便证明了 f 恒等于零。

比如，要检验等式 $(x+y)(x-y) - x^2 - y^2 = 0$ 是不是恒等式，首先看出它关于变元 x、y 的次数都不超过 2，故要在 $(2+1) \times (2+1) = 3 \times 3$ 的格阵上检验。让 x 在 $\{0, 1, 2\}$ 中取值，y 也在 $\{0, 1, 2\}$ 中取值，得到格阵中的 9 组值：$(0,0)$，$(0,1)$，$(0,2)$，$(1,0)$，$(1,1)$，$(1,2)$，$(2,0)$，$(2,1)$，$(2,2)$，分别代入检验即可。

总之，用举例的方法确实可以检验代数恒等式。令人惊奇的是，有时候用例证法证明等式不必举很多例子，一个例子就够了。这又是为什么呢？

其实也不难理解。还是以式（1）为例，只要用 $x = 10$ 代入检验就足以肯定它是恒等式！初想似不合理，但仔细分析起来，却不奇怪。

还是用反证法。在式（1）中，左端展开最多有 4 项，每项系数绝对值均不大于 1。整理并项之后，系数为绝对值不大于 5 的整数。若式（1）不是恒等式，整理后得方程

$$ax^2 + bx + c = 0,$$

这里 a，b，c 不全为零，均是整数且绝对值不大于 5。若 $x = 10$ 时左端为零，则 $a \times 100 + b \times 10 + c = 0$。分两种情形：若 $a = 0$，上式就成为 $10b + c = 0$，当 $b = 0$ 时有 $c = 0$，当 $b \neq 0$ 时有 $|10b| = |c|$，于是 $10 \leqslant 5$，矛盾；若 $a \neq 0$，则有 $|100a| = |10b + c| \leqslant 55$，即 100

$\leqslant 55$，也矛盾。故

$$a = b = c = 0。$$

这样，用一个例子也可以检验式（1）是不是恒等式了。这个办法可以推广到多元高次多项恒等式的检验。其基本思想的出发点是，多项式的次数和系数的大小受到一定限制时，它的根的绝对值不可能太大。也就是

引理 1 设 $f(x)$ 是不超过 n 次的多项式，它的非零系数的绝对值不大于 L，不小于 s（$s > 0$）。若 $x = \hat{x}$ 使

$$| \hat{x} | = p \geqslant \frac{L}{s} + 1,$$

则

$$s \leqslant | f(\hat{x}) | \leqslant s p^{n+1}。$$

证明： 设 $f(x) = c_0 x^k + c_1 x^{k-1} + \cdots + c_k$，这里 $0 \leqslant k \leqslant n$，$c_0 \neq 0$。当 $k = 0$ 时，引理结论显然成立。当 $1 \leqslant k \leqslant n$，有

$$| f(\hat{x}) | \geqslant | c_0 \hat{x}^k | - | c_1 \hat{x}^{k-1} + \cdots + c_k |$$

$$\geqslant s p^k - L(p^{k-1} + p^{k-2} + \cdots + 1)$$

$$= s + s(p^k - 1) - L \cdot \frac{p^k - 1}{p - 1}$$

$$= s + s(p^k - 1) \left(1 - \frac{L}{s} \cdot \frac{1}{p - 1} \right) \geqslant s。$$

其中最后一步是因为由引理条件可知

$$p - 1 \geqslant \frac{L}{s}，\text{即 } 1 \geqslant \frac{L}{s} \cdot \frac{1}{p - 1}。$$

另一方面，显然有

$$|f(\hat{x})| \leqslant L \cdot \frac{p^{n+1}-1}{p-1} \leqslant sp^{n+1}。$$

从这个引理出发，对变元的个数用数学归纳法，可得关于多元多项式的

定理 2 设 $f(x_1, x_2, \cdots, x_m)$ 是 x_1，x_2，$\cdots$，x_m 的多项式，它关于 x_k 的次数不大于 n_k，$1 \leqslant k \leqslant m$。又设它的标准展式中非零系数的绝对值不大于 L，不小于 $s > 0$。如果变元的一组值 $\hat{x}_1$，$\hat{x}_2$，$\cdots$，$\hat{x}_m$ 满足

$$\begin{cases} |\hat{x}_1| = p_1 \geqslant \dfrac{L}{s} + 1, \\ |\hat{x}_k| = p_k \geqslant p_{k-1}^{n_{k-1}+1} + 1, \end{cases} \tag{2}$$

则有

$$|f(\hat{x}_1, \hat{x}_2, \cdots, \hat{x}_m)| \geqslant s > 0。$$

证明： 对 m 作数学归纳。$m = 1$ 的情况，引理 1 已给出了证明。设命题对 $m - 1$ 真，要证它对 m 亦真。记 $g(x_2, x_3, \cdots, x_m) = f(\hat{x}_1, \hat{x}_2, \cdots, \hat{x}_m)$，则 g 是 x_2，x_3，$\cdots$，x_m 这 $m - 1$ 个变元的多项式。而 g 的系数有形式：

$$c(\hat{x}_1) = c_0 \hat{x}_1^n + \cdots + c_n \quad (0 \leqslant n \leqslant n_1)。$$

这些多项式 $c(x)$ 是不全为零的多项式，系数 c_i 绝对值不大于 L，非零者不小于 s。由引理 1 可知，当 $c(x)$ 不恒为零时有

$$s \leqslant c(\hat{x}_1) \leqslant sp_1^{n_1+1} = L_1。$$

由条件（2）可知

$$| \hat{x}_2 | = p_2 \geqslant p_1^{n_1+1} + 1 = \frac{L_1}{s} + 1 \, 。$$

由归纳前提可知

$$| g(\hat{x}_2, \hat{x}_3, \cdots, \hat{x}_m) | = | f(\hat{x}_1, \hat{x}_2, \cdots, \hat{x}_m) | \geqslant s \, 。$$

根据定理 2，可以用一组数值代入来检验一个多元多项式是否恒为零，这组数值应当满足条件（2）。如果要检验的多项式不恒为零，代入后算出来的数值一定大于一个确定的正数 s。

用一个例子检验，说起来确实干脆利落，做起来却不那么容易。因为这个例子不是信手拈来的几个数，而要满足条件（2）。当变元数稍多时，将涉及很大的数值计算。正因为如此，基于定理 2 的例证法，难以在计算机上实现；而基于定理 1 的方法，即所谓数值并行法，却能够在内存很小的袖珍计算机上成功地证明有相当难度的几何定理。

我国一位自学成才的数学爱好者侯晓荣，曾提出用一个例子证明几何定理的另一种方法，它基于下列的

定理 3　设 $f(x_1, x_2, \cdots, x_m)$ 是 x_1，x_2，$\cdots$，x_m 的整系数多项式，它关于 x_k 的次数不超过 n_k。又设 p_1，p_2，$\cdots$，p_m 是 m 个互不相同的素数，则当取

$$\hat{x}_k = \sqrt[n_k+1]{p_k} \tag{3}$$

时，只要 f 不恒为零，总有

$$f(\hat{x}_1, \hat{x}_2, \cdots, \hat{x}_m) \neq 0 \, 。$$

按照条件（3）来取变元的值，比按照条件（2）来取计算量小得多。因而定理 3 也提供了可以实现的几何定理例证法。本文以下要介绍的，是基于定理 1 而提出的例证法，即数值并行法。

几何定理例证法

例证法可以证明代数恒等式，自然容易想到：如果能把几何命题化成代数恒等式的检验问题，便也能用举例的方法证明了。

我们先看几个例题，再对一般的理论进行探讨。

例1 试证：任意三角形内角和为 $180°$。

首先把几何问题化为代数问题。设三角形 ABC 的 3 顶点坐标为 $A = (0,0)$，$B = (1,0)$，$C = (u_1, u_2)$。这就是把 A 取成直角坐标系原点，直线 AB 取作 x 轴，边 AB 作为长度单位。

证明内角和为 $180°$，可以通过角度计算，也可以把 3 个角拼在一起看它们是否凑成一个平角。后一个方法是基本方法，因为角度计算公式的推导（如余弦定理的推导）往往已用过"内角和为 $180°$"这个事实。我们用后一个方法，把 3 个角搬到一起。

搬的方法如下页图 4 - 9。取 BC 之中点 M，延长 AM 至 D 使 $DM = AM$，则 $\angle DCB = \angle CBA$；又取 AC 中点 N，延长 BN 至 E 使 $NE = NB$，则 $\angle ECA = \angle CAB$。于是要证明的命题即

$$\angle ECA + \angle ACB + \angle DCB = 180°,$$

也就是 D、C、E 3 点共线。

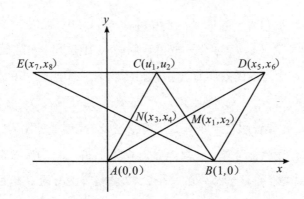

图 4 - 9

设 $M = (x_1, x_2)$，$N = (x_3, x_4)$，$D = (x_5, x_6)$，$E = (x_7, x_8)$，则命题的假设条件为

$$H: \begin{cases} f_1 = x_1 - \dfrac{u_1 + 1}{2} = 0, \\[2mm] f_2 = x_2 - \dfrac{1}{2}u_2 = 0, \end{cases} \quad (M \text{ 是 } BC \text{ 中点})$$

$$\begin{cases} f_3 = x_3 - \dfrac{1}{2}u_1 = 0, \\[2mm] f_4 = x_4 - \dfrac{1}{2}u_2 = 0, \end{cases} \quad (N \text{ 是 } AC \text{ 中点})$$

$$\begin{cases} f_5 = x_5 - 2x_1 = 0, \\[2mm] f_6 = x_6 - 2x_2 = 0, \end{cases} \quad (M \text{ 是 } AD \text{ 中点})$$

$$\begin{cases} f_7 = x_7 - 2x_3 + 1 = 0, \\[2mm] f_8 = x_8 - 2x_4 = 0_{\circ} \end{cases} \quad (N \text{ 是 } BE \text{ 中点})$$

而要证明的结论是 D、C、E 共线，即

$C: g = (x_5 - u_1)(x_8 - u_2) - (x_7 - u_1)(x_6 - u_2) = 0$。问题一共涉及 10 个变元。其中 u_1、u_2 可任意取值，叫做自由变元。一旦 u_1、u_2 定了，$x_1 \sim x_8$ 都可以由条件 H 定下来，所以 $x_1 \sim x_8$ 叫约束变元。利用条件 H 解出 $x_1 \sim x_8$ 代入 C，可以得到关于 u_1、u_2 的多项式 $G(u_1, u_2)$。要证明在条件 H 之下有结论 C，也就是证明 $G(u_1, u_2)$ 恒等于零。不具体计算，也可以看出 G 关于 u_1，u_2 的次数都不超过 1，于是只要在变元 u_1、u_2 的一个 2×2 的格阵上检验 G 是否为零即可。这个格阵可取 $(0,0), (0,1), (1,0), (1,1)$，立刻可以算出 G 在这几组数值下为零。事实上，对 $(u_1, u_2) = (0,0)$、$(1,0)$ 根本不用算，因为这时 A、B、C 3 点共线，结论显然，而在 $(u_1, u_2) = (1,1)$ 与 $(u_1, u_2) = (0,1)$ 这两种情形下得到的三角形 ABC 是全等的。因而只要对 $(u_1, u_2) = (0,1)$ 作检验就够了。把 $u_1 = 0$，$u_2 = 1$ 代入 H，得 $x_8 = 1$，$x_6 = 1$，$x_7 = -1$，$x_5 = 1$，代入 C 得 $g = 0$，这就完成了命题的证明。

这表明，只要检验 4 个三角形（实质上是一个），便足以证明三角形内角和定理！

例 1 太简单了，再看一个稍复杂点的例子。

例 2（**托勒密定理**） 如图 4 - 10，A、B、C、D 4 点共圆，则有

$$AC \cdot BD = AB \cdot CD + BC \cdot AD。$$

即圆内接四边形的对角线之积，等于两双对边乘积之和。

如果不知道 4 点在圆上的顺序，则上式应写成

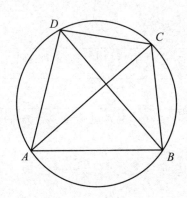

图 4-10

$$AB \cdot CD \pm AD \cdot BC \pm AC \cdot BD = 0。$$

此式的意义是可适当选取正负号使之成立。

设 A、B、C、D 坐标为 $(x_i, y_i)(i = 1, 2, 3, 4)$，它们所共的圆的圆心取作原点，半径为长度单位，则 4 点共圆条件可表为

$$H: \begin{cases} f_1 = x_1^2 + y_1^2 - 1 = 0, \\ f_2 = x_2^2 + y_2^2 - 1 = 0, \\ f_3 = x_3^2 + y_3^2 - 1 = 0, \\ f_4 = x_4^2 + y_4^2 - 1 = 0。 \end{cases}$$

结论可写成

$$C: \left\{ \left[(x_1 - x_2)^2 + (y_1 - y_2)^2 \right] \left[(x_3 - x_4)^2 + (y_3 - y_4)^2 \right] \right\}^{\frac{1}{2}}$$

$$\pm \left\{ \left[(x_1 - x_4)^2 + (y_1 - y_4)^2 \right] \left[(x_2 - x_3)^2 + (y_2 - y_3)^2 \right] \right\}^{\frac{1}{2}}$$

$$\pm \left\{ \left[(x_1 - x_3)^2 + (y_1 - y_3)^2 \right] \left[(x_2 - x_4)^2 + (y_2 - y_4)^2 \right] \right\}^{\frac{1}{2}}$$

$$= 0。$$

利用 H，可把 C 简化为

$$C': \sqrt{(1 - x_1 x_2 - y_1 y_2)(1 - x_3 x_4 - y_3 y_4)}$$
$$\pm \sqrt{(1 - x_1 x_4 - y_1 y_4)(1 - x_2 x_3 - y_2 y_3)}$$
$$\pm \sqrt{(1 - x_1 x_3 - y_1 y_3)(1 - x_2 x_4 - y_2 y_4)}$$
$$= 0。$$

把 C′ 去根号，得到多项式形式

$$C'': G(x_1, \ x_2, \ x_3, \ x_4, \ y_1, \ y_2, \ y_3, \ y_4) = 0。$$

这里，G 关于 x_i、y_i 的次数均不超过 2。

为了使 C″ 的变元都成为自由变元，我们用从圆心至点 (x_i, y_i) 的向径与 x 轴正向的夹角 θ_i 来描述 (x_i, y_i)。注意到 $x_i = \cos \theta_i$，$y_i = \sin \theta_i$，利用三角变换的万能公式，取 $\tan \dfrac{\theta_i}{2} = t_i$，便得

$$\begin{cases} x_i = \dfrac{1 - t_i^2}{1 + t_i^2}, \\[2mm] y_i = \dfrac{2t_i}{1 + t_i^2}。 \end{cases} \qquad (i = 1, \ 2, \ 3, \ 4)$$

这时 t_1、t_2、t_3、t_4 成为自由变元。将上式代入 C″，去分母，得到只含 t_1、t_2、t_3、t_4 的代数方程：

$$\Phi(t_1, t_2, t_3, t_4) = 0。$$

易估计出 Φ 关于 t_i 的次数不大于 4。要检验我们所关心的命题的真假，应当在 $5 \times 5 \times 5 \times 5$ 规模的格阵上检验是否 $\Phi = 0$。也就是说，可以在圆上任取 5 点，从 5 点中取所有可能的 A、B、C、D 来检验

托勒密定理。若 A、B、C、D 中有两点重合，结论显然。故只要考虑从 5 点中去掉一点后，命题对剩下 4 点是否为真。如果这 5 点是正五边形的 5 个顶点，则去掉哪个点都是一样的，因而实质上只要检验一个例子。

如图 4 - 11，要检验的是等式

$$AC \cdot BD = a \cdot AD + a^2$$

是否成立。设 $AC = ka$，则要检验

的等式化为 $k^2 = k + 1$，而 $k = \dfrac{1+\sqrt{5}}{2}$，因

而便完成了定理的证明。

以上两题，只要用很少例子即可证明所要的结论。但大多数几何命题用例

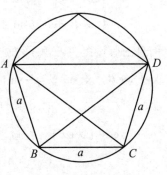

图 4 - 11

证法证明，要用较多的例子检验。下面是一个有趣的新定理。

例3 设单位球面上的一个球面三角形面积为 π，则该三角形任两边中点的球面距离为 $\dfrac{\pi}{2}$，即 3 边中点成为球面正三角形。

设这个球面三角形的 3 个角是 A、B、C，而对应 3 边为 a、b、c，又设 a、b 两边中点距离为 m，由球面余弦定理，得

$$\cos m = \cos C\sin \frac{a}{2}\sin \frac{b}{2} + \cos \frac{a}{2}\cos \frac{b}{2}。$$

定理的结论由 $m = \dfrac{\pi}{2}$ 知等价于

$$\cos C\sin \frac{a}{2}\sin \frac{b}{2} + \cos \frac{a}{2}\cos \frac{b}{2} = 0。 \qquad (4)$$

将式（4）移项、平方，以消去半角，得

$$\cos^2 C (1 - \cos a)(1 - \cos b) = (1 + \cos a)(1 + \cos b)。 \qquad (5)$$

又因 $\cos a$ 和 $\cos b$ 满足

$$\begin{cases} \cos A = \cos a \sin B \sin C - \cos B \cos C, \\ \cos B = \cos b \sin A \sin C - \cos A \cos C, \end{cases} \qquad (6)$$

而且由假设条件三角形面积为 π 得 $A + B + C = 2\pi$，故有 $\cos C = \cos(A + B)$ 及 $\sin C = -\sin(A + B)$。代入式（6）消去 C，并记 $s_1 = \cos a$，$s_2 = \cos b$。若从式（6）中解出 s_1、s_2 并代入式（5），应用 $\cos C = \cos(A + B)$，经过去分母、整理，式（5）化为

$$G(\cos A, \cos B, \sin A, \sin B) = 0 \qquad (7)$$

的形式。这里 $G(x_1, x_2, x_3, x_4)$ 是多项式，且 G 关于 x_i 的次数均不超过 5。注意，我们并没有真的从式（6）中解出 $s_1 = \cos a$ 和 $s_2 = \cos b$ 并代入式（5），也没有进行整理，仅仅是想象若作整理将得到多大次数的多项式。利用万能变换

$$\cos A = \frac{1 - t^2}{1 + t^2}, \ \sin A = \frac{2t}{1 + t^2},$$

$$\cos B = \frac{1 - s^2}{1 + s^2}, \ \sin B = \frac{2s}{1 + s^2},$$

把式（7）化为关于 s、t 的代数方程：

$$\Phi(s, t) = 0。$$

这里 Φ 是 s、t 的多项式，而且 Φ 关于 s、t 的次数均不超过 10。于

是，只要在 11×11 的格阵上检验是否有 $\Phi = 0$ 即可。由于 $\Phi(s, t)$ 关于变元 s、t 对称，实际上只要验算 66 个数值实例。这是用例证法证明的新定理之一。

有的几何命题，要用大量的例子来检验。例如

命题 四面体的 4 个高 h_1、h_2、h_3、h_4 和它的 3 个宽度 w_1、w_2、w_3 之间有关系：

$$\frac{1}{h_1^2} + \frac{1}{h_2^2} + \frac{1}{h_3^2} + \frac{1}{h_4^2} = \frac{1}{w_1^2} + \frac{1}{w_2^2} + \frac{1}{w_3^2}\text{。}$$

这要用 14 万个例子来检验。这里，四面体的宽度是指它的一对不相交的棱之间的距离。

由以上几个例子看出几何定理的例证法的步骤。

第一步 利用取坐标或三角函数，把问题表成代数形式：在一组代数等式条件下，问另一代数等式是否成立。

第二步 设想利用假设条件消去结论等式中的约束变元，使结论转化为只含自由变元的代数方程，估计此代数方程关于各变元的次数以确定格阵规模（并不真的写出这个方程）。

第三步 根据格阵规模取自由变元的若干组数值，检验命题对于这些具体数值是否成立。如果都成立，则表明第二步中的代数方程为恒等式，从而命题为真（这里用了定理 1）。

这里产生了一个问题：第二步中，消去约束变元而得到一个只含自由变元的代数方程是否总能办到呢？下面指出，在吴 – Ritt 整序原理的基础上，这问题可以办到。

消去约束变元的理论基础

一个初等几何命题，如果结论不是不等式，总可以通过解析几何或三角的方法，化成代数形式。也就是，在一组假设条件

$$H^*: f_i\ (x_1,\ x_2,\ \cdots,\ x_m)=0 \qquad (i=1,\ 2,\ \cdots,\ n)$$

之下，要求确定

$$C^*: g(x_1, x_2, \cdots, x_m)=0$$

是否成立。

根据吴 – Ritt 整序原理，H^* 中的方程可以转换成"三角形"即"升列"：

$$H: f_i(u_1, \cdots, u_d, x_1, \cdots, x_i)=0 \quad (i=1, 2, \cdots, s)。$$

在 H 中，$u_1,\ \cdots,\ u_d$ 是原来某些 x_j 的换名，而 $x_l,\ \cdots,\ x_i$ 是原来某些 x_j 的重新编号。这些 u_i 叫自由变元，x_i 是约束变元。相应地，C^* 也改写为

$$C: G(u_1, \cdots, u_d, x_1, \cdots, x_s)=0。$$

对多数几何命题，整序是容易的。整序使问题大为简化，但从 H 出发仍不能消去 C 中的约束变元，需要更多一些的预备。下面我们用结式作为工具为消去约束变元提供理论基础。

给了两个多项式

$$\begin{cases} f = a_n v^n + \cdots + a_0\ (a_0 \neq 0)，\\ g = b_k v^k + \cdots + b_0， \end{cases}$$

行列式

$$\text{Rcs}(g,f,v)=\begin{vmatrix} a_n & & 0 & b_k & & 0 \\ \vdots & a_n & & \vdots & b_k & \\ a_0 & \vdots & \ddots & \boldsymbol{b}_0 & \vdots & \ddots \\ & a_0 & & a_n & \boldsymbol{b}_0 & & b_k \\ & & \ddots & \vdots & & \ddots & \vdots \\ 0 & & & a_0 & 0 & & b_0 \end{vmatrix}$$

叫做 g 关于 f 对变元 v 的结式。这是代数学里早已熟悉了的概念。我们进一步定义关于升列的结式。

对于 C 中的 G 和 H 中的 f_1, $\cdots$, f_s，递推地定义

$$\begin{cases} R_{s-1} = \text{Res}(G, f_s, x_s), \\ R_{s-2} = \text{Res}(R_{s-1}, f_{s-1}, x_{x-1}), \\ \qquad\qquad\vdots \\ R_0 = \text{Res}(R_1, f_1, x_1)。 \end{cases}$$

最后得到的 R_0 叫做 G 关于升列 $\{f_1, \cdots, f_s\}$ 的结式，它是自由变元 u_1, $\cdots$, u_d 的多项式，并记 R_0 为 Res $(G, f_1, \cdots, f_s)$。

为了找到 Res $(G, f_1, \cdots, f_s)$ 的另一种形式，我们来考虑方程组 H 的解。给定一组自由变元的值 $(\widetilde{u}_1, \widetilde{u}_2, \cdots, \widetilde{u}_d)$，由 H 的第一个方程可以解出 x_1。设 H 中第 i 个方程关于 x_i 的次数是 m_i，则解出的 x_1 共有 m_1 个：$x_1^{(1)}$, $x_1^{(2)}$, $\cdots$, $x_1^{(m_1)}$。

把任一组 $(\widetilde{u}_1, \widetilde{u}_2, \cdots, \widetilde{u}_d, x_1^{(i)})$ 代入 H 的第二个方程

$$f_2(u_1,\cdots,u_d,x_1,x_2) = 0,$$

可以解出 x_2 的 m_2 个值，随 $i = 1$, 2, $\cdots$, m_1 的改变，共有 x_2 的

$m_1 m_2$ 个值：

$$x_2 = x_2^{(i_1, i_2)} \ (i = 1, 2, \cdots, m_1; i_2 = 1, 2, \cdots, m_2)。$$

这样依次解下去，对固定的 $\widetilde{u}(\widetilde{u}_1, \cdots, \widetilde{u}_d)$，一般可得到 H 的 $m = m_1 m_2 \cdots m_s$ 组解：

$$(\widetilde{u}, x^{i_1, i_2, \cdots, i_s})$$
$$= (\widetilde{u}_1, \cdots, \widetilde{u}_d, x_1^{(i_1)}, x_2^{(i_1, i_2)}, \cdots, x_S^{(i_1, \cdots, i_s)})。$$

在以上说明的基础上，我们得到了公式：

$$\mathrm{Res}(G, f_1, \cdots, f_s)(\widetilde{u}) = P(\widetilde{u}) \prod_{\substack{1 \leqslant i_j \leqslant m_j \\ j = 1, \cdots, i}} G(\widetilde{u}, x^{(i_1, \cdots, i_s)})。$$

这个公式左端是 $\widetilde{u} = (\widetilde{u}_1, \widetilde{u}_2, \cdots, \widetilde{u}_d)$ 的多项式。右端的 $P(\widetilde{u})$ 也是 $\widetilde{u}$ 的多项式。如果是恒为零的多项式，可以证明，右端连乘号之后的 $m_1 m_2 \cdots m_s$ 个因式中，将有一部分恒为零，即命题结论对 H 的部分解成立。这当然还不能令人满意。

我们还进一步考虑了 $G + \lambda$ 关于 $\{f_1, \cdots, f_s\}$ 的结式。这里 λ 是不同于 $x_1, \cdots, x_s, u_1, \cdots, u_d$ 中任一个的独立变元。由式（8）得到

$$\mathrm{Res}(G + \lambda, f_1, \cdots, f_s)(\widetilde{u}, \lambda)$$
$$= P(\widetilde{u}) \prod_{\substack{1 \leqslant i_j \leqslant m_j \\ j = 1, \cdots, i_s}} (G(\widetilde{u}, x^{(i_1, \cdots, i_s)}) + \lambda)。 \tag{9}$$

从式（9）出发，我们证明了一个重要的基本事实：在假设 H（和某些非退化条件）之下，C 成立的充要条件是

$$\mathrm{Res}(G + \lambda, f_1, \cdots, f_s)(u, \lambda) = P(u) \lambda^{m_1 m_2 \cdots m_s}。$$

这个充要条件为例证法提供了依据。

用反证法。若在前提 H 之下 C 不成立，则有

$$\mathrm{Res}(G+\lambda, f_1, \cdots, f_s)(u, \lambda) = Q(u, \lambda)\lambda^k.$$

这里 $0 \leqslant k < m_1 m_2 \cdots m_s$，而且 $Q(u, 0)$ 不恒为零。从式（9）两端约去 λ^k 然后令 $\lambda = 0$，可得

$$Q(\widetilde{u}, 0) = P(\widetilde{u}) \prod{}^* G(\widetilde{u}, x^{(i_1, \cdots, i_s)})。 \tag{10}$$

上式中连乘号 $\prod^*$ 后的因式仅是那些不恒为零的 $G(\widetilde{u}, x^{(i_1, \cdots, i_s)})$，它们共有 $m_1 m_2 \cdots m_s - k$ 个。由结式定义可估计出 $Q(u, 0)$ 关于 $u_1, \cdots, u_d$ 的次数，然后在相应的格阵上取那些 $\widetilde{u}$ 值，对应地解出 $x^{(i_1, \cdots, i_s)}$，代入 G 中检验。如果每组解均使 $G = 0$，即知 $Q(\widetilde{u}, 0)$ 恒为零，矛盾，从而在条件 H 之下 C 成立。

还剩下一个问题，即一开始提到的"测量"误差问题：对格阵中的一组 $\widetilde{u}$，通常只能解出 $x^{(i_1, \cdots, i_s)}$ 的近似值，因而代入 G 后得到的也是近似值。如果 G 的值很小，但计算机输出的值不是零，那么，如何判断 G 是否为零呢？会不会"差之毫厘，谬之千里"呢？

我们可利用式（10）简单地处理它。如果 G 和各个 f_i 都是整系数多项式（通常的几何命题都是如此），而且 $\widetilde{u}$ 也取整值，则式（10）左端是整数。如果它非零，其绝对值就不小于 1。因此，只要经检验得出

$$|P(\widetilde{u}) \prod{}^* G(\widetilde{u}, x^{(i_1, \cdots, i_s)})| < 1,$$

便证明了 $Q(\widetilde{u}, 0) = 0$。在上式中，$P(\widetilde{u})$ 的上界是可以根据结式定

义递推地估计的，这就解决了误差问题。

实际应用时，还有具体算法的优化设计问题，这里就不再细说了。

演绎与归纳的对立与统一

归纳方法，即从大量事实出发总结出一般规律的方法，是人类认识世界的一个基本方法。

归纳法广泛用于自然科学的研究，特别是物理学的研究。物理学的基本定律来自实验与观察，从有限次实验与观察中作出关于无穷多对象的判断，结果常常是对的。这在哲学上被认为是一个难以解释的问题。例证法的出现，有可能为归纳方法的合理性提供逻辑的根据。

在西方哲学史上，是归纳法好还是演绎法好，曾有过长期的激烈争论。而初等几何，是演绎推理占统治地位的最古老的王国，也正是历史上演绎与归纳分道扬镳的三岔口。有了例证法，归纳法也可以在这个古老王国的政权中占一席之地了。但例证法的合理性，则是用演绎法证明的。在这一点上，是演绎支持了归纳。

其实，归纳本来就支持过演绎。几何学的公理，几何推理的基本法则，本身无法演绎地证明，它们是人类经验的总结，基本上是归纳的结果。

由于几何学的影响，古希腊哲学家多推崇演绎。亚里士多德写的论述"三段论"推理方法的名著《工具论》曾长期被奉为经典。到 17 世纪，培根等经验论哲学家则大力提倡归纳推理，认为归纳才是切实可靠的获取知识的方法；而唯理论哲学家笛卡儿、莱布尼兹等则认为只有演绎法才能得到必然的、普遍的真理，例子再多也没有用。其实，归纳与演绎是相互支持、相互补充的，它们不是水火不相容的。例证法为此提供了有启发性的根据，在两者之间建立了一条通道。

　　目前，例证法的使用范围，仅限于可以用代数方程描述的问题。笔者相信，随着研究的深入，它的有效范围将扩大到超越方程，甚至某些微分方程，只不过要算的例子更多，计算量更大而已。人们对演绎与归纳的关系，也会有更深刻的认识。

几何定理机器证明的吴法浅谈

古老的追求

数学问题大体上可分为两类：计算题与证明题，或者叫做求解与求证。

求解：解应用题，解方程，几何作图，求最大公约数和最小公倍数……

求证：初等几何证明题，证明代数恒等式，证明不等式……

中国古代数学研究的中心问题是求解。其方法是把问题分门别类，找出一类一类的解题模式。《九章算术》，就是把问题分成 9 大类，分别给出解题办法。这办法是有固定章法可循的，只要有一般智力和必要的少许基本知识，都能学会。学会一个方法，便能解一类问题；问题来了，只要能对号入座，便可手到擒来，不要什么天才与灵感。

用一个固定的程式解决一类问题，这是机械化数学的基本思想。追求数学的机械化方法，是中国古代数学的特点，也可说是中国古代数学的优秀传统之一。

以希腊的几何学为代表的古代西方数学，所研究的中心不是分类解题，而是在构建公理体系的基础上一个一个地证明各式各样的几何命题。几何题的证法，各具巧思，争奇斗艳，无定法可循；犹如雕刻家的手工操作，有赖于技巧和灵感。

有一条平面几何定理，叫做"斯坦纳—雷米欧司定理"：若三角形有两条内分角线相等，则它是等腰三角形（图4－12）。

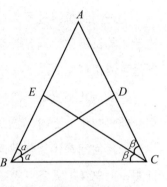

图 4－12

把前提与结论换一下，它就是一条每个中学生都会证明的题目（等腰三角形两底角之分角线相等）。但一翻转，就难了。100 多年前雷米欧司提出这个问题时，数学家们一时束手无策。几年之后，斯坦纳才给出一个证明。至今，它已有上百种证法。但是，在没找到证明之前，很难说问题是难是易，甚至无法判断命题是否成立。

计算与证明，同是数学脑力劳动，但两者颇不相同。计算往往是刻板而枯燥的，但容易掌握；证明常常是灵活而巧妙的，可难于入手。原因在于：计算机械化了，证明还没有机械化。

能不能想个办法，把许多证明题变成有章可循的计算工作呢？这样一来，人人都能证几何难题了。只要他按部就班地学会方法步骤，不厌烦枯燥地写写算算，就能像解一次代数方程、开平方、求最大公约数那样推证那些曾使数学家们束手无策的几何难题了。

这种愿望由来已久，但直到 17 世纪，法国的数学家（也是哲学家）笛卡儿才为它的实现找到一线光明。

笛卡儿曾有过一个宏伟的设想：一切问题化为数学问题，一切数学问题化为代数问题，一切代数问题化为代数方程求解问题。

他把问题想得过于简单了。如果他的设想真能实现，那就不仅是数学的机械化，而且是全部科学的机械化了。因为，代数方程求解是可以机械化的。

但笛卡儿不仅是空想，他所创立的解析几何，确实能使初等几何问题代数化。当时的数学定理，绝大多数是初等几何定理。用坐标法把几何问题化为代数问题，虽然还没有实现几何定理的机械化证明，但总算把无章可循的几何证明题纳入了有一定规范形式的代数框架，这为后来的几何定理机器证明打下了基础。

比笛卡儿晚一些的德国数学家（也是哲学家）莱布尼兹曾有过"推理机器"的设想。他为此研究过逻辑，设计并造出了能做乘法的计算机。他的努力促进了布尔代数、数理逻辑以及计算机科学的研究。

更晚一些，德国数学家希尔伯特曾更明确地提出了公理系统中的判定问题：有了一个公理系统，就可以在这个系统基础上提出各式各样的命题；有没有一种机械的方法，用它对每个命题加以检验就能判明命题是否成立呢？经检验判明其成立的命题，也就是被证明了的定理，检验也就是证明。

数理逻辑的研究表明，希尔伯特的要求太高了。即使在初等数论的范围内，对所有命题进行判定的机械化方法也是不存在的！

但我们不妨退一步，去寻找可用机械方法判定的较小的命题类。也巧，恰在希尔伯特的名著《几何基础》一书中，就提供了一条可以对一类几何命题进行判定的定理。

这条定理的意思是说：如果一个几何命题只涉及"关联性质"，那就可以用确定的步骤判定它是不是成立。

所谓"关联性质"，指的是"某点在某直线上"、"某直线过某点"、"某直线在某平面上"这类不涉及线段长短、角度大小以及垂直、共圆的几何性质。例如，有名的帕布斯定理就只涉及"关联性质"：设点 A_1、A_2、A_3 在一条直线上，点 B_1、B_2、B_3 在一条直线上，C_1 是 A_2B_3 与 A_3B_2 的交点，C_2 是 A_3B_1 与 A_1B_3 的交点，C_3 是 A_1B_2 与 A_2B_1 的交点，则 C_1、C_2、C_3 在一条直线上（图 4 - 13）。

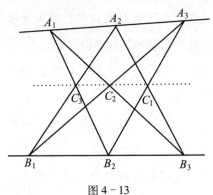

图 4 - 13

希尔伯特也许并没有意识到自己提出了一条关于机械化证明的

定理。希尔伯特之后，别人也不大注意这条定理的机械化意义。他的那本名著是以公理化的典范著称于世的。我国数学家吴文俊教授第一个指出："该书更重要之处，在于提供了一条从公理化出发，通过代数化以到达机械化的道路。"

公理化的思想与方法比机械化的追求与探索受到更多的重视，并不奇怪。几千年来，数学家用的不过是一张纸和一支笔。只有一些具有远见卓识的数学家才梦想着数学证明的机械化。电子计算机的出现，为这个古老的梦的实现提供了物质条件。

惊人的突破

证明的机械化，如果没有可以进行数学演算的机器，只能是纸上谈兵。

单个地证明命题，可以针对特殊性，寻找捷径。许多几何题的巧妙解法，体现了特殊命题特殊处理的思想。

用一个机械的方法处理成批的数学问题，就失去了利用命题特殊性的可能。碰到一个具体问题时，用这种方法往往显得繁琐与笨拙，不像特殊方法那么巧妙。就像竭泽而渔，总不像钓鱼那么巧妙而有趣；好处是有章可循，总能成功。

因此，机械化方法如果没有高速运算的机器做工具，往往反而费时费力。机器的特点，无非是快，是不知疲倦地干，是不拒绝单调无味的工作。实际上，计算机能干的事，人用纸笔也能干，只是慢罢了。

电子计算机的问世，使证明机械化的研究活跃起来。波兰数学家塔斯基在 1950 年证明了一个引人注目的定理：一切初等几何和初等代数范围的命题，都可以用机械方法判定。1956 年以来，美国科学家开始尝试用电子计算机来证明一些数学定理。1959 年，数理逻辑学家王浩教授设计了一个程序，用计算机证明了罗素、怀德海的巨著《数学原理》中的几百条定理，仅用了 9 分钟。1976 年，美国的两位年轻数学家阿佩尔和哈肯，在高速电子计算机上用 1200 小时的计算时间，证明了"四色定理"，使这个数学家们 100 多年来未能解决的难题得到了肯定的回答。这些进展轰动一时，使数学家和数理逻辑学家们欢欣鼓舞，认为机器证明的美梦很快能变成现实。

但是，《数学原理》中的几百条定理，毕竟是平凡的陈述。用计算机单打一地证明"四色定理"，也只能算是计算机辅助证明。在数学发展的漫长历史中，曾积累了数以千计的初等几何定理。无数数学家，为提出和证明这些定理呕心沥血，这里面有许多巧夺天工、趣味隽永的杰作。能不能用计算机把这些定理成批地证明出来？能不能在这些定理之外用机器证出漂亮的新结果？大家都在拭目以待。

自塔斯基的引人注目的定理发表以来，已经过去 26 年了。初等几何定理的机器证明，仍然没有令人满意的进展。用塔斯基的方法，连中学课本里的许多定理也难以证出来。因为他的办法太繁，难以实现。在许多探索和实验失败之后，人们又从乐观变为悲叹。有些专家认为：光靠机器，再过 100 年也未必能证出多少有意义的新定理来！

中国数学家的工作，在这个领域揭开了新的一页。著名数学家吴文俊教授，从1976年冬开始进入这一领域。当时他既没有接触塔斯基的工作，也没有想到希尔伯特的著作里包含的那条机械化定理。他在中国古代数学的机械化与代数化思想的启发下，独辟蹊径，提出自己的机械化方法。1977年，吴文俊提出的定理机器证明新方法正式发表。使用吴氏方法（以下简称吴法），可以在微机上迅速证明很不简单的几何定理，如西姆松定理、费尔巴哈定理、莫勒定理等，还能发现新的不平凡的几何定理。吴法像磁石一样，吸引了世界上从事这一领域研究的专家学者们。

十多年来，吴法在世界上不胫而走。美国、德国、奥地利等各国同行纷纷学习吴法，介绍吴法，研究吴法。此后，数以百计的学术论文如雨后春笋般地涌现。1989年，国外出版了一本英文专著，详细阐述了吴法，并列举了该书作者用自己基于吴法编制的程序在计算机上证明的512条定理。这些定理大多是不平凡的，其中还有新定理，每条定理的机器证明时间才几秒钟。

吴法的出现，使有数千年历史的手工式初等几何研究真正结束了。今后，当人们在初等几何范围内提出新命题而不知其真伪时，只要上机一试，便知分晓。而人的工作则主要是猜测、发现，并从机器证明的定理中挑选那些最漂亮的加以分析，以及寻找简化的证明。

那么，吴法又是如何在机器上实现定理证明的呢？

朴素的思想

科学上许多伟大的发现与创造，基本思想往往朴实无华，甚至看来是平凡的。但要首先想到从这朴素而平凡之点出发解决难题，却不容易。这需要有真知灼见，想得深，看得远，对问题吃得透。

举世瞩目的吴法，基本出发点也是十分朴素的思想：把几何命题化成代数形式加以处理。化成什么形式？如何处理？我们用一个熟知的例子来说明。

西姆松定理　在 $\triangle ABC$ 的外接圆上任取一点 P，自 P 向 BC，CA，AB 引垂线，垂足顺次为 R，S，T，则 R，S，T 3 点在一直线上（图 4 - 14）。

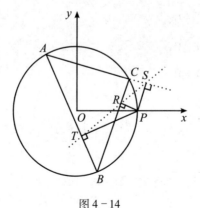

图 4 - 14

吴法的第一步是把几何问题代数化。

这条命题涉及 A，B，C，P，R，S，T 共 7 个点。命题的假设部分有这么几条：

（1）A，B，C，P 在同一个圆上；

（2）R，S，T 分别在直线 BC，CA，AB 上；

（3）$PR \perp BC$，$PS \perp CA$，$PT \perp AB$。

结论是一条，R，S，T 共直线。

为了简便，可以取 $\triangle ABC$ 外接圆圆心 O 为笛卡儿坐标原点，取圆半径为单位长。设 A，B，C，R，S，T，P 的坐标顺次为 (x_1, y_1)，(x_2, y_2)，(x_3, y_3)，(x_4, y_4)，(x_5, y_5)，(x_6, y_6)，(x_7, y_7)，还可以设 P 在 x 轴的正半轴上，因而 $(x_7, y_7) = (1, 0)$。于是，命题的假设部分可以改写成下列代数等式的形式。

假设（1）可写成

$$f_1 = x_1^2 + y_1^2 - 1 = 0, \qquad\qquad (A\ 在圆\ O\ 上)$$

$$f_2 = x_2^2 + y_2^2 - 1 = 0, \qquad\qquad (B\ 在圆\ O\ 上)$$

$$f_3 = x_3^2 + y_3^2 - 1 = 0; \qquad\qquad (C\ 在圆\ O\ 上)$$

假设（2）可写成

$$f_4 = (x_3 - x_2)(y_4 - y_2) - (y_3 - y_2)(x_4 - x_2) = 0, \qquad (R\ 在\ BC\ 上)$$

$$f_5 = (x_3 - x_1)(y_5 - y_1) - (y_3 - y_1)(x_5 - x_1) = 0, \qquad (S\ 在\ AC\ 上)$$

$$f_6 = (x_1 - x_2)(y_6 - y_2) - (y_1 - y_2)(x_6 - x_2) = 0; \qquad (T\ 在\ AB\ 上)$$

而假设（3）则为

$$f_7 = (1 - x_4)(x_2 - x_3) + (-y_4)(y_2 - y_3) = 0, \qquad (PR \perp BC)$$

$$f_8 = (1 - x_5)(x_3 - x_1) + (-y_5)(y_3 - y_1) = 0, \qquad (PS \perp CA)$$

$$f_9 = (1 - x_6)(x_1 - x_2) + (-y_6)(y_1 - y_2) = 0; \qquad (PT \perp AB)$$

要证明的结论，则可表示为

$$g = (x_4 - x_5)(y_5 - y_6) - (x_5 - x_6)(y_4 - y_5) = 0。$$

$$(R,S,T \text{ 共直线})$$

至此，我们已完成用吴法机械证明几何定理的第一步：把几何问题化为代数形式。这里是用解析几何的方法化的。当然，也可以用其他方法，如三角方法。这个代数形式，就是在假定一组多项式为 0 的条件下，求证另一个多项式为 0。具体到本例，就是：

设　$f_1 = f_2 = f_3 = \cdots = f_9 = 0$，

求证：$g = 0$。

吴法的第二步，叫做整序。所谓整序，就是把假设条件化成一种规范形式——吴升列。

在假设条件里，含有许多变元。这些变元之间是有相互联系的。以本例而论，A，B，C 3 点在圆上的位置定了，其他点的位置也就定了。而且 A，B，C 3 点的位置，又可以由 3 个纵坐标 y_1，y_2，y_3 确定。这样，(x_1, y_1)，$\cdots$，(x_6, y_6) 中的 12 个变元当中，只有 3 个是自由的，另外 9 个则是受约束的。能选定自由变元，对整序有好处。

取定 y_1，y_2，y_3 为自由变元之后，为了明确，给它们换个名字，记 $u_1 = y_1$，$u_2 = y_2$，$u_3 = y_3$。这样，一看见 u，便知道是自由变元。

约束变元是被约束条件约束起来，跟着自由变元变化的。约束条件就是假设条件。整序就是把约束变元排个顺序，使得：

第一个约束变元直接跟着自由变元走；

第 $k+1$ 个约束变元直接跟着自由变元和前 k 个约束变元走。

也就是说，把假设条件改写成这样的一组等式：

$$f_1^* = f_2^* = \cdots = f_s^* = 0,$$

其中 f_1^* 中只出现自由变元和第一个约束变元，f_k^* 中只出现自由变元和前 k 个约束变元。

目前这个例子，改写是容易的。f_1^* 就是 f_1，f_2^*、f_3^* 就是 f_2、f_3：

$$f_1^* = x_1^2 + (u_1^2 - 1) = 0,$$

$$f_2^* = x_2^2 + (u_2^2 - 1) = 0,$$

$$f_3^* = x_3^2 + (u_3^2 - 1) = 0。$$

但在 $f_4 \sim f_9$ 这些方程中，每个方程里都引进了两个约束变元，这就应当设法消去一个。

从 f_4 与 f_7 中消去 y_4，得到

$$f_4^* = \left[(x_2 - x_3)^2 + (u_2 - u_3)^2 \right] x_4 - \left[(x_2 - x_3)^2 + (u_2 - u_3) \cdot \right.$$

$$\left. (u_2 x_3 - u_3 x_2) \right]$$

$$= 0。$$

而 f_5^* 可以由 f_7 改写而得：

$$f_5^* = -(u_2 - u_3) y_4 + (1 - x_4)(x_2 - x_3) = 0。$$

类似地，由 f_5 和 f_8 改写得到

$$f_6^* = \left[\, (x_3 - x_1)^2 + (u_3 - u_1)^2 \right] x_5 - \left[\, (x_3 - x_1)^2 + (u_3 - u_1) \right.$$
$$\left. (u_3 x_1 - u_1 x_3)\, \right]$$
$$= 0,$$

$$f_7^* = -(u_3 - u_1) y_5 + (1 - x_5)(x_3 - x_1) = 0_\circ$$

由 f_6 和 f_9 得到

$$f_8^* = \left[\, (x_1 - x_2)^2 + (u_1 - u_2)^2 \right] x_6$$
$$- \left[\, (x_1 - x_2)^2 + (u_1 - u_2)(u_1 x_2 - u_2 x_1)\, \right]$$
$$= 0,$$

$$f_9^* = -(u_1 - u_2) y_6 + (1 - x_6)(x_1 - x_2) = 0_\circ$$

现在，变量 x_1、x_2、x_3、x_4、y_4、x_5、y_5、x_6、y_6 在多项式 $f_1^* \sim f_9^*$ 中依次出现。方程多一个，约束变量也多一个。这叫做"三角形式"的多项式方程组。注意到 f_4^* 中 x_4 的系数里有 x_2 和 x_3 的平方项，可以利用方程 $f_2^* = 0$ 和 $f_3^* = 0$ 化简，变成

$$\widetilde{f_4^*} = 2(1 - x_2 x_3 - u_2 u_3) x_4 - \left[\, (x_2 - x_3)^2 + (u_2 - u_3)(u_2 x_3 - u_3 x_2)\, \right]$$
$$= 0_\circ$$

类似地，f_6^* 和 f_8^* 也可化为

$$\widetilde{f_6^*} = 2(1 - x_3 x_1 - u_3 u_1) x_5 - \left[\, (x_3 - x_1)^2 + (u_3 - u_1)(u_3 x_1 - u_1 x_3)\, \right]$$
$$= 0,$$

$$\widetilde{f_8^*} = 2(1 - x_1 x_2 - u_1 u_2) x_6 - \left[\, (x_1 - x_2)^2 + (u_1 - u_2)(u_1 x_2 - u_2 x_1)\, \right]$$
$$= 0_\circ$$

经过这样化简之后的三角形式的多项式组，叫做"吴升列"。

吴法的第二个步骤，至此完成。得到了一组吴升列：

$$f_1^*, f_2^*, f_3^*, \widetilde{f}_4^*, f_5^*, \widetilde{f}_6^*, f_7^*, \widetilde{f}_8^*, f_9^*。$$

吴法的第三步，叫做伪除法求余。

伪除法求余从 f_9^* 与 g 开始。把 g 和 f_9^* 都看成最后一个约束变元 y_6 的多项式，用 f_9^* 除 g。得到的余式，经过去分母之后叫做 g 关于 f_9^* 对变元 y_6 的伪除法求余，记作 R_8。

为了做伪除法，把 g 写成 y_6 的多项式：

$$g^* = g = (x_4 - x_5) y_6 + (x_4 y_5 - x_5 y_4 + x_6 y_4 - x_6 y_5) = 0。$$

这样，用 f_9^* 除 g^*，将剩余去分母后得到

$$R_8 = (x_4 - x_5)(1 - x_6)(x_1 - x_2)$$
$$+ (x_4 y_5 - x_5 y_4 + x_6 y_4 - x_6 y_5)(u_1 - u_2)。$$

这样的伪除法求余，正好相当于从方程 $f_9^* = 0$ 中解出

$$y_6 = \frac{(1 - x_6)(x_1 - x_2)}{u_1 - u_2}$$

后代入 g^*。如果在 f_9^* 中 y_6 的次数高于 1 次，比如说有 y_6 的最高次项 y_6^n，则可以利用方程 $f_9^* = 0$ 把 y_6^n 表为一些 y_6 的较低次项之和，反复代入 g^*，把 g^* 中 y_6 的最高次数降低到低于 n。

因此，做这种伪除法时，要假定 $u_1 - u_2 \neq 0$，这叫做非退化条件（关于非退化条件的意义，后面将进行单独的讨论）。

把 R_8 看成 x_6 的多项式，即写成

$$R_8 = [(u_1 - u_2)(y_4 - y_5) - (x_1 - x_2)(x_4 - x_5)] x_6$$

$$+ (x_4 - x_5)(x_1 - x_2) + (u_1 - u_2)(x_4 y_5 - x_5 y_4)。$$

把 $\widetilde{f}_8^*$ 也看成 x_6 的多项式，用 $\widetilde{f}_8^*$ 除 R_8，得到剩余去分母，记作 R_7。则

$$R_7 = \big[(u_1 - u_2)(y_4 - y_5) - (x_1 - x_2)(x_4 - x_5) \big] \big[(x_1 - x_2)^2$$
$$+ (u_1 - u_2)(u_1 x_2 - u_2 x_1) \big] + 2(1 - x_1 x_2 - u_1 u_2)$$
$$\cdot \big[(x_4 - x_5)(x_1 - x_2) + (u_1 - u_2)(x_4 y_5 - x_5 y_4) \big]。$$

再把 R_7 和 f_7^* 都看成 y_5 的多项式，用 f_7^* 除 R_7 求取伪除法剩余，得 R_6。

继续做下去：求 R_6 关于 $\widetilde{f}_6^*$ 对 x_5 的伪除法剩余，记作 R_5。

求 R_5 关于 f_5^* 对 y_4 的伪除法剩余，记作 R_4。

求 R_4 关于 $\widetilde{f}_4^*$ 对 x_4 的伪除法剩余，记作 R_3。

求 R_3 关于 f_3^* 对 x_3 的伪除法剩余，记作 R_2。

求 R_2 关于 f_2^* 对 x_2 的伪除法剩余，记作 R_1。

求 R_1 关于 f_1^* 对 x_1 的伪除法剩余，记作 R_0。

最后的 R_0 如果是零多项式，就表明，在非退化条件

$$(u_1 - u_2)(u_2 - u_3)(u_3 - u_1)(1 - x_1 x_2 - u_1 u_2)(1 - x_3 x_1 - u_3 u_1) \cdot$$
$$(1 - x_2 x_3 - u_2 u_3) \neq 0$$

之下，所要检验的命题成立。这是吴法中的一条定理所保证了的。

伪除法求剩余，用手算来做是可怕的。它有时涉及上千项的多项式的整理。如果你有足够的细心和耐心，这个例子可以用手算完成，但可能花你好几个小时。

过程虽繁，但毕竟是机械的计算，交给计算机干正好。

要是算到最后，R_0 不是零多项式呢？吴法证明：若升列 $\{f_1^*,$ $f_2^*, f_3^*, \widetilde{f_4^*}, f_5^*, \widetilde{f_6^*}, f_7^*, \widetilde{f_8^*}, f_9^*\}$ 是所谓"不可约"的，$R_0 \neq 0$ 便表明命题不成立。对"可约"的升列，总可以通过因式分解化为几个"不可约"升列，从而把问题完全解决。

整个过程的基本思想是朴素的：尽可能地消去约束变元，或降低约束变元的次数，使问题水落石出。

那么，非退化条件又是什么意思呢？

从形式上看，非退化条件就是要求在整序后得到的升列中，每个多项式里新出现的约束变元最高次项的系数不等于零。在本例情形，多项式 f_1^*，f_2^*，f_3^* 不产生非退化条件。多项式 $\widetilde{f_4^*}$ 里新出现的约束变元是 x_4，它的最高次项是 1 次项，系数是 $2(1 - x_2 x_3 - u_2 u_3)$，于是产生非退化条件

$$(1 - x_2 x_3 - u_2 u_3) \neq 0 \text{。}$$

这个条件的几何意义是：B 与 C 两点不重合。这当然是对的，如果 B 与 C 重合，ABC 就不成为三角形了。

提出要对"非退化条件"进行研究，是吴文俊教授对几何证明理论的又一贡献，是定理机器证明研究的副产品。

长期以来，大家认为欧几里得几何中论证推理过程是严密的。即使有问题，也出在公理体系上。希尔伯特重整了欧氏公理体系之后，总不会再有什么漏洞了吧？

但吴文俊教授指出：传统的初等几何证明方法——所谓综合法，不但不严密，而且也不可能严密。问题就出在"退化"情形。

欧氏几何中的概念，通常是排除了"退化"情形的。比如说三角形吧，就要求 3 顶点不共线。3 顶点共直线，三角形成了线段，就是退化了。有些几何定理，对退化情形也成立。但也有些几何定理，图形一退化便不成立了。例如"在 $\triangle ABC$ 中，若 $\angle B = \angle C$，则 $AB = AC$"这条定理，当 $\angle B = \angle C = 0$ 时就不成立（图 4 – 15（a）），而当 $\angle B = \angle C = 90°$ 时又成立了（图 4 – 15（b））。可见，对退化情形要单独进行讨论。

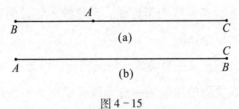

图 4 – 15

那么，在几何命题的假设中，排除了退化情形，是不是就万事大吉、完全严密了呢？问题没这么简单，因为用综合法证几何题，往往要作辅助线、辅助圆，对辅助图形运用一些已知的定理。在辅助图形中有可能遇到退化的情形。怎样作辅助线，事先是不知道的，因而无法预先说明会出现哪些退化情形而使证明失效。证明中推理环节越多，出现退化情形而破坏证明严密性的可能性越大。

在定理机器证明的吴法中，这个问题得到了圆满的解决。在机器证明过程中，能够自然地——列出退化情形的代数表示，指出保证命题成立的非退化条件（至于退化情形命题是否成立，则要单独讨论。这种讨论通常是容易的）。

吴法不但实现了初等几何定理证明的机械化，而且达到了推理的真正严密。

光明的前景

应用吴法，不但在计算机上重新检验了许多已知的几何定理，而且发现了一些极其繁难的新定理。用传统方法证明这些繁难的新定理，简直是难以想象的。

应用吴法，还把一些有趣的传统结果分析得更清楚、更深入。

例如，前面提到的斯坦纳—雷米欧司定理，如果把条件"内分角线相等"改为"外分角线相等"，结论还对不对呢？以前对这个问题是弄不清楚的。应用吴法，可以在计算机上证明：一般说来，外分角线相等也能推出该三角形是等腰三角形，但在一些特殊情形下这个结论不成立。计算机详细地列举出了使结论不成立的特殊情形的代数表达式。

再举个例子。在平面几何中，有一条迟至 19 世纪才被发现的美妙定理——莫勒定理：在任意三角形中，3 组相邻的内角三等分线交于一个正三角形的顶点（下页图 4－16）。这一定理曾引起几何学家的普遍兴趣。它的证明是相当难的。

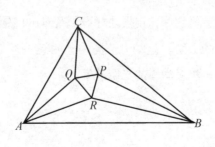

图 4 - 16

如果不仅考虑内角的三等分线，同时也考虑外角的三等分线，则用类似的方法可以构造出 27 个三角形。这些三角形中有哪些是正三角形呢？用吴法在计算机上作分析，证明了这样的有趣事实：这 27 个三角形中，有 18 个一定是正三角形，另外 9 个一般不是正三角形。

应用吴法，还能证明不少几何不等式。

吴法的用处，不仅在于可用它证明初等几何定理，还在于可以用它来解代数方程组，证明微分几何中的一些定理，研究微分方程的性质，推导几何与代数公式。对吴法的进一步研究，有方兴未艾之势。

吴法的出现，开辟了数学机械化的一个新的研究领域，这里有一系列有意义的问题等待人们去解决。例如：

几何不等式的证明机械化，远未彻底解决；

非退化条件的处理方式，尚有争论；

可约系统的更有效算法，仍在继续探求；

如何把研究范围从多项式推广到初等函数？

怎样设计并运行程序，用吴法处理更繁难的问题？

问题是数学的心脏，是动力。国内外对这些问题的研究正蓬勃开展，显示出这一年轻学科的光明前景。

规尺作图问题的余波

在初等几何里，作图只许用圆规和无刻度的直尺，这已是中学生的常识。这个习惯的约定始于古希腊。由于"三大难题"（三等分任意角，二倍立方，化圆为方）的广泛传播，有关规尺作图的许多问题和知识使成千上万数学爱好者着迷。经过两千多年的探索，特别是高斯、伽罗瓦等数学奇才的出色工作，终于弄清了规尺作图的可能界限，证明了所谓"三大难题"其实是 3 个"不可能用规尺完成的作图题"。这中间的曲折过程以及有关的巧妙论证，已成为众多数学科普读物津津乐道的话题。如果有人现在还要把宝贵的光阴掷于"用规尺三等分任意角"的"研究"，那只能说明他缺乏数学常识又不肯虚心学习而已。

但是，这古老的规尺作图问题尚有余波未平。变换一下条件，又产生出新的有趣的问题。从下面介绍的某些内容中，数学爱好者说不定还能找到一试身手的用武之地呢！

柏拉图的圆规太松

关于圆规和直尺的用法，公元前 3 世纪的古希腊数学家欧几里得在他的巨著《几何原本》中作了严格的说明。他提出两条基本的作图法则：

1. 过不同的两点可作一直线。

2. 以任意一点 O 为圆心，以任意两点 A，B 间的距离为半径，可作一圆。

这两条法则，实际上只能用理想的圆规和直尺才能实现。比方说，直尺要足够长，圆规的跨度要能放得很大又要能收得很小。事实上这都是办不到的。能否用受到某些条件限制的圆规、直尺来实现这两条法则，这里面自然有文章可做。

其实，就拿法则 2 来说，欧几里得的先辈就并不是这样规定的。在古希腊哲学家柏拉图的有关著述中，圆规的用法是：

2^*. 已知 A，B 两点，以 A 为圆心，以 A 到 B 的距离为半径，可作一圆。

细心的读者不难发现法则 2^* 与法则 2 的区别。按照法则 2，我们可以用圆规在另外两点所在的地方量它们的距离，再拿回来画圆；按照法则 2^*，这可不行，当你用圆规的针尖和笔尖量好两点之间距离之后，不许把圆规拿走，只能就地画圆。

怎么来理解这种规定呢？大概是柏拉图认为他的圆规太松，担心圆规的双脚离开纸面之后不能使量好的距离保持不变吧。确实，就地把圆画出来，笔尖自 B 点起，转一圈又回到 B 点，这也是对圆规开度保持不变的一个检验呢！

欧几里得把法则 2^* 改成法则 2，是不是意味着他抛弃了柏拉图的松圆规，换了可靠的圆规呢？

并非如此。经过仔细研究不难看到：凡是用法则 2 可以完成的工作，用法则 2^* 也可以完成。你能干的，我也能干；圆规虽松，效用不减。

那么已知平面上的 A，B，O 3 点，如何运用法则 2^*，画一个以 O 为圆心、以 AB 为半径的圆呢？

其实作法很简单（图 4-17）：

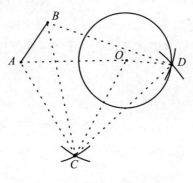

图 4-17

（1）分别以 A，O 为圆心，以 AO 为半径作圆，取两圆交点之一为 C。

（2）分别以 B，C 为圆心，以 BC 为半径作圆，取两圆交点之一

D，使 BCD 的旋转方向与 ACO 的旋转方向一致（在图 4 – 17 中均取逆时针方向）。

（3）以 O 为圆心，OD 为半径作圆，此圆即为所求。

道理也很明显：$\triangle ACO$ 和 $\triangle BCD$ 都是等边三角形，$AC = CO$，$BC = CD$，$\angle ACB = \angle ACO - \angle BCO = \angle BCD - \angle BCO = \angle OCD$，故 $\triangle ACB \cong \triangle OCD$，因而 $OD = AB$。这就把 AB 搬过来了。

这样一来，"松圆规"可以代替好圆规。欧几里得把法则 2* 改成法则 2，规则变得简单了，但规尺作图的能力界限并没有变化。

对作图工具的种种限制

后来，数学爱好者们各具匠心，研究了规尺作图规则的许多变化。例如：

（一）短直尺与小圆规

前面已经提到，按欧几里得《几何原本》中的法则，作图用的直尺可以无限长，圆规的半径可以任意大，这实际上是办不到的。那么，用普通的短直尺与小圆规，能不能完成法则 1 与 2 所规定的工作呢？

答案是肯定的。长直尺和大圆规能干的，短直尺和小圆规也能干。

也许读者要问：大半径的圆弧和小半径的圆弧形状不一样，小圆规怎能画得出大半径的圆弧来?

这需要说明。当然,小圆规画不出大半径的圆弧来。但是,几何图上的基本元素是点。所谓"大圆规和长直尺能干的,小圆规和短直尺也能干",指的是作出某些所要的点来。比如:给了相距很远的两点 A、B,用大圆规可以分别以 A、B 为圆心,以 AB 为半径画圆交于 C、D 两点;用小圆规虽不能画出这两条弧,但只要能找出 C、D 这两个点,就承认它完成了大圆规的这项工作。

以下所说的作图,都是这个意思,指的是找出某些符合一定条件的点。

（二）只用一件工具——圆规

规尺作图要用两件工具——圆规和直尺。如果只用其中之一行不行呢?

有人已经证明:只要有一把圆规,就能完成规尺作图的一切任务。

规尺作图题成千上万,怎能一一证明都可以只用一把圆规来做呢? 实际上,只要证明用圆规能完成下列两项基本任务就够了:

1. 已知 A,B 两点和圆 O,求直线 AB 和圆 O 的交点。

2. 已知 A,B,C,D 4 点,AB 不与 CD 平行,求直线 AB,CD 的交点。

经过不多然而是巧妙的几步,确能只用圆规完成这两项工作。

但是,如果只用直尺,而不用圆规,就有很多图不能作了,这一点也是已被证明了的。

（三）短直尺与定圆规

进一步的研究发现，只要有一把固定半径的圆规和一把短直尺也就够了。

这种半径固定的圆规，美国几何学家佩多把它形象地叫做"生了锈的圆规"。只用一把生了锈的圆规能干些什么？本文后面将用更多的篇幅来讨论这个问题。

（四）最简单的工具

又有人发现，只要平面上有一个预先画好的圆以及它的圆心，再有一把长直尺，便能作出一切可用规尺完成的图来。这大概可算是最简单的初等几何作图工具了吧。

定圆规作图的几则趣题

柏拉图的圆规太松，这并不妨碍我们用它作图，但反过来可不一样。佩多教授的圆规由于生锈而太紧，只能画固定半径的圆，用起来远不是那么得心应手。你将发现，即使用它做一件很简单的事，也颇费周折。

为了说起来简便，不妨设这个锈圆规只能画半径为 1 的圆。关于它，有这样一则有趣的智力测验：你能用这个半径固定（半径为 1）的圆规画一个半径为 $\frac{1}{2}$ 的半圆吗？

这问题过于离奇，看来是不可能的。

实际上却做得到，但圆规的用法要变通一下：把桌子紧靠墙壁，第一张纸摊在桌子上，第二张纸钉在墙上。圆规的针脚扎在第一张纸上 O 点处。如果 O 点到墙的距离 $d<1$，你在第一张纸上画圆，必然要碰壁。碰了壁还硬要画，圆规的笔尖就会上墙。这时你将发现，在第二张纸上画出了一个半圆，它的半径是 $\sqrt{1-d^2}$，比 1 要小（图 $4-18$）。

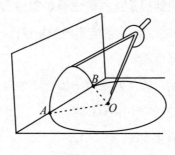

图 $4-18$

如果在第一张纸上先定出 3 个点 O，A，B，使 $\triangle OAB$ 是正三角形，边长 $AB=1$，再让 AB 和桌子靠墙的边线重合，这时画出的半圆，半径恰好是 $\dfrac{1}{2}$。

这类"空间作图"，花样还有很多。你甚至可以用圆规画出直线段来！这并不奇怪：在普通的圆柱形茶缸底部放一个不大不小的圆卡片，再在茶缸内壁贴一张纸，把圆规的针脚扎在圆卡片的中心，在内壁的纸上画圆，画好后把纸揭下来看看，所画的圆变成了直线！

但是，欧几里得是不许这么干的。传统的几何作图，不包括这种"空间作图"。我们还是规规矩矩，回到平面上来吧。

先看一个简单的例子。

定圆规作图问题之一 给了 A，B 两点，试确定一串点 A_0，A_1，…，A_{n+1} 使它们满足

i) $A_0 = A$，$A_{n+1} = B$；

ii) $A_0 A_1 = A_1 A_2 = \cdots = A_n A_{n+1} = 1$。

不妨想象我们的圆规是这样一位芭蕾舞演员：她每跳一步，两脚尖的距离不多不少总是 1 米。能不能帮她设计一套舞步，使她从 A 点出发准确地到达 B 点呢？

如果你从 A 开始，凭目力判断一步一步地向 B 走去，成功的概率将是极小的。

有一个窍门：只要你确定了 A_0，A_1，…，A_{n-1}，使 $A_i A_{i+1} = 1$（$i = 0，1，\cdots，n-2$），并且 A_{n-1} 到 B 的距离不超过 2，那就好办了。分别以 A_{n-1}、B 为圆心作圆，因为定圆规的半径是 1，两圆至少有一个公共点（交点或切点），把这个公共点取作 A_n 就是了（图 4-19）。

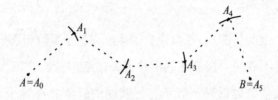

图 4 - 19

但是，凭目力去确定 A_{n-1}，毕竟不符合作图规则。这不难解决：

从 A 出发画出由边长为 1 的正三角形顶点组成的"蛛网点阵"（图 4 - 20）。在蛛网点阵里，总会找到一个离 B 很近的点作为 A_{n-1}。像这样的蛛网点阵，或许每个有圆规的孩子都曾在游戏中画过呢。

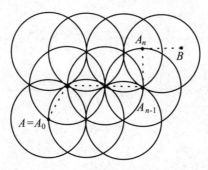

图 4 - 20

别看这个作图题简单，它却是定圆规作图的一个基本手段。此外，它本身也有深究的余地。比如，怎样使插入的点 A_1，A_2，$\cdots$，A_n 的个数最少？这便是一个难题。

定圆规作图问题之二　　已知 A，B，C 3 点，求作第四点 D，使 $ABCD$ 是平行四边形。

这个问题似难实易，可以由简到繁分 3 种情况解决。

第一种情况：若 $AB = BC = 1$，好办，分别以 A，C 为圆心作圆交于 D，即得。

第二种情况：若 $AB = 1$，$BC \neq 1$，则可以在 B，C 之间插入 n 个点 B_1，B_2，$\cdots$，B_n，使 $B_i B_{i+1} = 1$（$i = 0$，1，$\cdots$，n；$B_0 = B$；$B_{n+1} = C$），然后对 n 进行数学归纳。

$n = 0$，即 $BC = 1$，刚才已做过了。

若已作出平行四边形 ABB_nA^*，再作一个平行四边形 A^*B_nCD，则 $ABCD$ 是所求的平行四边形（如图 4－21）。

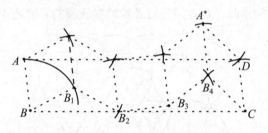

图 4－21

第三种情况：若 $AB \neq 1$，$BC \neq 1$，则在 B，A 间插入 A_1，A_2，$\cdots$，A_m，使 $A_iA_{i+1} = 1$（$i = 0$，1，$\cdots$，m；$A_{m+1} = A$，$A_0 = B$），在 B，C 间插入 B_1，B_2，$\cdots$，B_n，使 $B_jB_{j+1} = 1$（$j = 0$，1，$\cdots$，n；$B_{n+1} = C$，$B_0 = B$），然后对 m 进行数学归纳。

$m = 0$，即 $AB = 1$，第二种情况中已完成了。

设我们已作出平行四边形 A_mBCC_m，再作平行四边形 AA_mC_mD，便得到平行四边形 $ABCD$ 了（如图 4－22）。

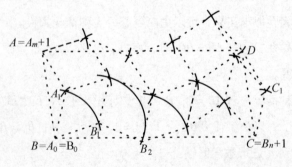

图 4－22

不要小看这种作平行四边形的方法。有了这一手，我们就可以把平面上的一个图形，平移到同平面上任意指定的地方。

或许由于太简单，这两则作图题一直不被人们注意；但它们在解决佩多教授的"生锈圆规"作图问题中立了汗马功劳。

佩多教授的"生锈圆规"作图问题

1980 年代，美国几何学家、年逾七旬的佩多教授在加拿大的一份杂志《数学问题》上，提出了下述的定圆规作图问题。佩多自己把它叫做"生锈圆规"作图问题。

定圆规作图问题之三　已知 A，B 两点，求另一点 C，使 $\triangle ABC$ 是正三角形。

注意，A，B 之间没有直线相连，否则就十分容易了。

如果 $AB \leqslant 2$，很快就有人做出了答案。

$AB = 2$ 时，谁也会做。不妨设 $AB < 2$，这时，作 5 个圆便能把 C 点找出来（下页图 4-23）：

（1）分别以 A，B 为圆心作圆，两圆交于 D，G 两点。

（2）以 G 为圆心作圆，交圆 A、圆 B 于 4 点。取不在已作出的圆内且位于 AB 所在直线同一侧的两点为 E，F。

（3）分别以 E，F 为圆心作圆，两圆交于 C，则 $\triangle ABC$ 即为所求。

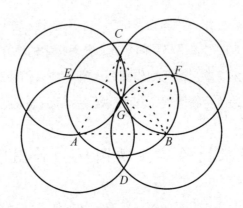

图 4 - 23

证明是容易的：在圆 F 上用圆周角定理，$\angle GCB = \dfrac{1}{2} \angle GFB =$

$30°$，故 $\angle ACB = 60°$。又因显然有 $AB = BC$，故 $\triangle ABC$ 为正三角形。

这个五圆构图，首先是佩多的一个学生画出来的，佩多替他找到了证明。对于这个图，佩多大为惊叹：几何学已有两千多年的历史，而这么一个简单的作图却一直不为人所知！

还有一种作法要画 6 个圆（下页图 4 - 24）：

（1）分别以 A，B 为圆心作两圆交于 D，E。

（2）分别以 D，E 为圆心作圆，圆 B、圆 D 交于 G，圆 B、圆 E 交于 F。G，F 两点的选择使 BDG 和 BEF 旋转方向一致。如图 4 - 24，都取逆时针方向。

（3）分别以 F，G 为圆心作圆，取圆 F 与圆 G 交点 C，只要使 BAC 顺时针旋转，此点即为所求。

证明时只要注意到：菱形 $ADBE$ 绕 B 逆时针旋转了 $60°$ 变成

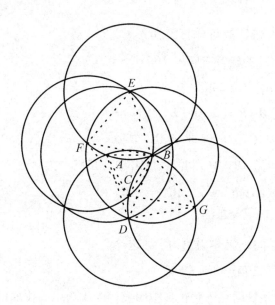

图 4－24

$CGBF$，而对角线 AB 转 $60°$ 之后变成 CB。

当 $AB > 2$ 时，圆 A 与圆 B 不再相交，这作图题是否可能完成呢？经过两年多时间，这一征解问题未获解决。正当人们开始猜想这是不可能的时候，佩多教授从中国访美学者的信中获悉：中国有 3 位数学工作者，给出了这一问题的两种正面解答。

下面的解法是综合了那两个方法的思想得到的，较为简单而易于理解。

设 B^* 是 B 点附近的一个点，$B^*B < 2$。如果能作出正三角形 AB^*C^*，则正三角形 ABC 自然容易作出。理由如下（图 4－25）：

按前面的方法，作平行四边形 C^*B^*BP，则 $C^*P /\!/ B^*B$。因为

$C^*P = B^*B < 2$，故可作正三角形 C^* PC，使 C^*PC 的旋转方向与 AB^*C^* 一致。于是 $\angle AC^*C = 240° - \angle PC^*B^* = 60° + \angle C^*B^*B = \angle AB^*B$，$AB^* = AC^*$，$B^*B = C^*C$，因此 $\triangle AB^*B \cong \triangle AC^*C$，可见 $AB = AC$，并且 $\angle CAB = \angle C^*AB^* - \angle BAB^* + \angle CAC^* = \angle C^*$ $AB^* = 60°$，问题便告解决。

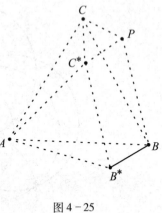

图 4 - 25

现在要问：怎样才能找到这个"近似解"正三角形 AB^*C^* 呢？

这又要请蛛网点阵帮忙。很明显，以 A 为中心作蛛网点阵，一定可以在点阵中找到与 B 比较接近且满足 $BB^* < 2$ 的点 B^*。下面指出，就在同一个点阵中，可以轻而易举地找出 C^*，使 $\triangle AB^*C^*$ 为正三角形。而且，这样的 C^* 有两个。

事实上，蛛网点阵中的点，除 A 之外，都分布在一些以 A 为中心、边长为正整数的正六边形的边上（下页图 4 - 26）。设 B^* 是边长为 k 的那个正六边形上的点（图 4 - 26 中画出 $k = 3$ 的情形），自 B^* 沿这个正六边形周界向两个方向各走 k 个单位距离，得到所要的点 C^* 和 C_1^*，显然，$\triangle AB^*C^*$ 和 $\triangle AB^*C_1^*$ 都是正三角形。

至此，佩多教授的"生锈圆规"作图的问题便完全解决了。

综上所述，我们可以看到，定圆规至少可以完成以下两类作图：

（一）把平面上的有限点构成的图形平移到指定的位置，即平移

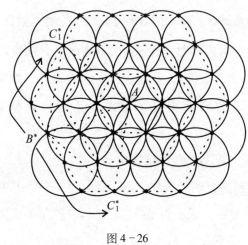

图 4－26

结果使这些点中某个点和预给的一个点重合。

（二）把有限点集绕某一固定点旋转 $60°$ 后得到的点集作出来。

此外，还能不能干点别的什么呢？

尚未解决的难题

佩多教授还提出了这样的问题：

给了 A、B 两点，只用一个定圆规，能不能找出线段 AB 的中点？

这个问题似易实难。我们猜想：如果定圆规的半径与 AB 的长度之比是超越数，这个作图题是不可能完成的。较简单的说法是：当圆规只能作单位圆时，如果 $AB = \alpha$ 为超越数，则不可能用它找出 AB 的中点。

所谓 α 为超越数,就是说 α 不是任何一个整系数代数方程的根。不是超越数的数叫代数数。有理数、有理数的方根如 $\sqrt{2}$、$\sqrt{7}$ 都是代数数,而 π、e 都是超越数。可以证明,超越数比代数数多得多。

另一方面,存在无穷多个不大于 2 的代数数 α_1,α_2,$\cdots$,α_n,$\cdots$ 使当 $AB = \alpha_n$ 时,可以用半径为 1 的定圆规作出 AB 的中点来。从下面的讨论中我们就可以看到这一点。

应当把问题的提法弄清楚一点。比如说:在作图中偶然碰上了 AB 的中点,当然不算是找到了中点。怎样才算用半径为 1 的定圆规找到了 AB 的中点呢?

定义 1 设 M 为平面上的点集,以 M 中的点为圆心的单位圆之间的交点和切点的集合记为

$M' = \{ z \mid$ 有 x、$y \in M$,$x \neq y$,使 $\| x - z \| = \| y - z \| = 1 \}$,其中 $\| x - z \|$ 为点 x 与 z 之间的距离。我们把 $M \cup M'$ 记作 $F(M)$,$F(M)$ 叫做 M 的派生点集。记 $F(F(M)) = F^2(M)$,$F^{n+1}(M) = F(F^n(M))$,记 $F^{\infty}(M) = \bigcup\limits_{n=1}^{\infty} F^n(M)$。若 M 为有限集,则 $F^{\infty}(M)$ 叫做以 M 为基的狭义可作集。此时若 $x \in F^{\infty}(M)$,则称 x 是以 M 为基狭义可作的。

显然,若 x 是以 M 为基狭义可作的,则我们必可以从有限点集 M 出发,用定圆规把 x 找出来。

但反过来是不对的。例如 $M = \{A, B\}$,$AB > 2$ 时,显然 $F^{\infty}(M) = M$,因而正三角形 ABC 的顶点 C 不是以 M 为基狭义可作的。不过我们有办法用定圆规把 C 找出来。

因而再引入广义可作的概念。

定义 2 设 $A = \{A_1, A_2, \cdots, A_k\}$，$X = \{X_1, X_2, \cdots, X_l\}$ 是平面上的两个有限点集，$M = A \cup X$。如果 $P \in F^\infty(M)$，且有 $\varepsilon > 0$，使对 X 的任一个 ε 扰动 $Y = \{Y_1, Y_2, \cdots, Y_l\}$（即 $\| Y_i - X_i \| < \varepsilon$，$i = 1, 2, \cdots, l$）有 $P \in F^\infty(A \cup Y)$，则称 P 是以 A 为基广义可作的。

关于广义可作与狭义可作之间的关系，有

定理 若有 A_i，$A_j \in A$，使 $A_i A_j < 2$，$A_i A_j \neq 0$、1，且 P 以 A 为基广义可作，则 P 以 A 为基狭义可作。

这个定理证明并不难，主要利用此时 $F^\infty(A)$ 在平面上的稠密性。由此可得

推论 若 P 是以 A 为基广义可作的，则存在单点集 X，使 P 是以 $A \cup X$ 为基狭义可作的。

由上述定理，若 $AB < 2$，且 $AB \neq 0$、1，则能否用定圆规找出 AB 的中点这一问题，可化为下面较为确定的问题：以 A、B 为圆心作单位圆，以它们的交点为圆心再作圆，再以新产生的交点为圆心作圆，如此不断作下去，就得到一个仅与 A，B 有关的可数点集 $M_{A,B}$。问题在于，AB 的中点 O 是否属于 $M_{A,B}$？

下面对这个问题作一初步探讨。可以看到，它竟与某些丢番图方程有关。

以直线 AB 为 x 轴，AB 的中点为原点 O，建立笛卡儿坐标系。设 $AB = \lambda < 2$，$\lambda \neq 0$、1。我们知道，正三角形 ABC 的顶点 C 是可以用定圆规找出来的。如图 4–27，以 $\triangle ABC$ 为基础向四周重复地作边

长为 λ 的正三角形的顶点，形成一个包含 A，B 在内的蛛网点阵。不

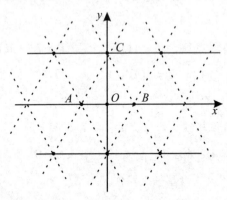

图 4 - 27

难算出，点阵中点的坐标的一般形式为 $\left(\dfrac{k\lambda}{2}, \dfrac{m\sqrt{3}\lambda}{2}\right)$，其中 k，m 为

整数，$k + m$ 为奇数。将所有这样的点组成的集合记为 M_1。以下记

$M_{n+1} = F(M_n)$，$n = 1$，2，…就得到一系列越来越大的点集。如果存

在某个 n_0 使原点 $O \in M_{n_0}$，则我们一定可以用半径为 1 的定圆规找到

O，即 AB 的中点。如前所述，无论按狭义或广义的理解，AB 的中点

都是可作的，否则就是不可作的。

但是，具体分析点集 M_n 的构成，是一项极为繁重的工作。我们

试从 $n = 1$，2，3 做起，看看会有什么结论。

由于 $k + m$ 为奇数，显然 $O \notin M_1$。

想要 $O \in M_2$，充要条件是有 $P \in M_1$，使 $PO = 1$，即有整数 k、m 使

$$\frac{k^2\lambda^2}{4} + \frac{3m^2\lambda^2}{4} = 1, \quad k + m \text{ 为奇数}。 \tag{$*$}$$

也就是必须有

$$\lambda^2 = \frac{4}{k^2 + 3m^2}, \quad k + m \text{ 为奇数}.$$

这告诉我们，当 λ 取某些特殊值时，容易用半径为 1 的定圆规找出 AB（$AB = \lambda$）的中点。例如 λ 等于 $\frac{2}{\sqrt{3}}$，$\frac{2}{\sqrt{7}}$，$\frac{2}{\sqrt{13}}$，等等。总之，当 λ 取定之后，若丢番图方程（＊）有解，则 $O \in M_2$，即可用定圆规找出 AB 之中点。

显然，若 λ 为超越数，$O \in M_2$ 是不可能的。

接下去问，$O \in M_3$ 又要什么条件呢？那就需要有 $P \in M_2$，使 $PO = 1$。

不妨设 $P \notin M_1$，则 P 是以 M_1 中某两点为圆心的单位圆的交点。设 Q_1，$Q_2 \in M_1$，使 $PQ_1 = PQ_2 = PO = 1$，即 $\triangle Q_1 Q_2 O$ 的外接圆半径为 1，因而有等式：

$$4 \triangle Q_1 Q_2 O = Q_1 O \cdot Q_2 O \cdot Q_1 Q_2,$$

这里 $\triangle Q_1 Q_2 O$ 表示这个三角形的面积。将此式两端平方后利用解析几何里的公式，并设 Q_1，Q_2 的坐标分别为 $\left(\frac{k_1 \lambda}{2}, \frac{m_1 \sqrt{3} \lambda}{2} \right)$ 和 $\left(\frac{k_2 \lambda}{2}, \frac{m_2 \sqrt{3} \lambda}{2} \right)$，代入后整理得：

$$48 (k_1 m_2 - k_2 m_1)^2$$
$$= \lambda^2 (k_1^2 + 3 m_1^2)(k_2^2 + 3 m_2^2) [(k_1 - k_2)^2 + 3(m_1 - m_2)^2].$$

这样，又得到一个含参数 λ 的丢番图方程。不难计算出对于 λ 的又一串值，有 $O \in M_3$。很显然，若 λ 为超越数，这个丢番图方程也不可能有解。

这样看来，当 λ 为超越数时，O 不属于 M_3。

一般而言，若 $O \in M_n$，则可以导出一些变元数不超过 2^{n-1} 的丢番图方程。如果这些方程中出现参数 λ，则当 λ 为超越数时它们不可能有解。由此可见，当 λ 为超越数时，要使点集 M_n 中包含 O，这些方程中至少应当有一个方程其中不出现 λ，并且它是有解的。

已经证明，丢番图方程有没有解的问题是不可判定的，即没有一个统一的算法可以解决这问题。而我们这里还涉及更复杂的问题：导出一系列变数愈来愈多的含参数 λ 的丢番图方程，而且要弄清楚这些方程中是否有这样的方程，经整理后其中不出现 λ。

很难想象由某个 n 对应的 $O \in M_n$ 所导出的方程竟会不含 λ，因此我们猜测：当 λ 为超越数时，对任意的 n，都有 $O \notin M_n$。

这个问题刚提出来的时候，大部分数学家都并不乐观，认为要解决这个问题尚需假以时日。没想到，仅仅一年之后，我国一位自学成才的数学爱好者侯晓荣就解决了这个难题（详见下文）。

"生锈圆规"
作图问题的意外进展

　　知名数学家提出的难题被不知名的年轻人所解决，这样的事例在历史上并不罕见。大家比较熟悉的人物如帕斯卡、高斯、阿贝尔、伽罗瓦等，都曾在年轻时就为数学大厦的建造作出了贡献。我国当代的许多数学家，也有不少在年轻时就完成了引人注目的研究工作。

　　数学的发展越来越快，世界上可以称为数学家的人日益增多。数学家们在孜孜不倦地工作，使数学成果越来越多，文献资料浩如烟海。几年前有人估计，美国《数学评论》上每年摘引的新定理有 20 万条之多。数学宫殿，现在好比是"侯门深似海"。想研究数学，想发现一些别人尚未发现的定理，比起几百年前，甚至几十年前，都要艰难得多。没有受过高等教育的青年，想在数学领域一显身手，机会比前人确实是要少了。

　　机会虽少，但并非全然没有。在有些所需预备知识不多的数学分支（这些分支有古老的，也有年轻的）中，确有一些问题，可能被一些思想活跃并能刻苦钻研的年轻人攻克；尽管他们没有经过"正规"的高深数学课程的训练。下面我们介绍的，正是这样一个事例。

佩多的中点问题

上一节我们介绍了美国几何学家佩多教授提出的"生锈圆规"作图问题。所谓"生锈圆规",就是两脚开度固定了的圆规。以下设它的固定开度为1,并称它为单位定规。显然,用它只能画半径为1的圆周。

佩多教授提出的问题并不多,一共两个,看上去也很简单。也许他想如果连这两个问题都找不到解答,那么再多提也没意义,反而冲淡人们对这两个问题的兴趣。这两个问题是:

(一) 已知 A, B 两点,只用单位定规,如何找到另一点 C,使 $\triangle ABC$ 为正三角形?

(二) 已知 A, B 两点,只用单位定规,如何找到线段 AB 的中点①?

两个问题中的前一个,已被我国数学工作者于 1983 年解决。对此,佩多教授非常高兴。他说,很希望听到第二个问题的解答,无论是肯定的还是否定的。

上一节文末我们谈到了这一问题,并且指出解决这一难题的,

———————————

① 应当强调一下:平面上只给出 A,B 两点,没有给出线段 AB,如果有线段 AB,问题会变得容易得多。

是我国一位自学成才的数学爱好者侯晓荣。他不但证明了只用单位定规找出线段 AB 的中点，从而肯定地回答了佩多教授的第二个问题，而且获得了异常丰富的成果。他的证明用的是代数方法，如果把他的代数推演过程"翻译"成作图步骤，其复杂性将使多数读者难以忍受。为使更多的数学爱好者领略个中趣味，杨路与我找到了一个简明的方法，下面我们将它呈献给读者。

我们已经会用生锈圆规做些什么

在上一节，我们已经会用单位定规做一些事了，这是继续前进的基础。现在把已经会做的几件事开列出来，作为引理，给下一步讨论带来方便。

引理 1（单位定规作图法之一）　已知 A，B 两点，可以作出①一串点 A_0，A_1，$\cdots$，A_{n+1}，使它们满足：

i) $A_0 = A$，$A_{n+1} = B$；

ii) $A_0 A_1 = A_1 A_2 = \cdots = A_n A_{n+1} = 1$。

引理 1 也可简单地表达为：对任意两点 A，B，可以用步长为 1 的点列把它们联系起来。以后，我们还需要用步长为 d 的点列来联系两个点 A，B。这个步长 d 能够取哪些数值，当然是我们感兴趣的

---

① 　在本文中，凡是"可以作出"或"可作"等，如无特别说明，均指用单位定规可作。

问题，下面逐步来研究它。要知道，由于圆规张不开，对于离得较远的点，就有鞭长莫及之苦。怎么办呢？用等步长的点列联系起来，这是一个基本手段。

引理 2（单位定规作图法之二）　已知 A，B，C 3 点，可以作出第四点 D，使 $ABCD$ 是平行四边形（$ABCD$ 可以是退化的平行四边形）。

引理 3（单位定规作图法之三）　已知 A，B 两点，可以作出第三点 C，使 $\triangle ABC$ 是正三角形。

引理 3 是对佩多第一个问题的回答。有了引理 3，我们可以从任两个已给的点 A，B 出发，作出以正三角形为基本构形的蛛网点阵来。因而得到

推论 1　已知 A，B 两点，对任给的整数 $k > 1$，可以作出直线 AB 上的点 C_1，使 B 在 A，C_1 之间，并且 $AC_1 = kAB$（下页图 4 - 28）。

推论 2　已知 A，B 两点，对任给的整数 $k \geqslant 0$，可以作出位于 AB 的垂直平分线上的点 C_2，使 C_2 到直线 AB 的距离是 $\left(k + \dfrac{1}{2}\right) \cdot$ $\sqrt{3}AB$。换句话说：可以作出点 C_2，使 $\triangle ABC_2$ 是等腰三角形，且 $AC_2 = BC_2 = \sqrt{3k^2 + 3k + 1}\ AB$（图 4 - 28）。

推论 3　已知 A，B 两点，且 $AB = a < \dfrac{1}{n}$，则可以作出点 D，使 $DA \perp AB$，且 $DA = \sqrt{1 - n^2 a^2}$（下页图 4 - 29）。

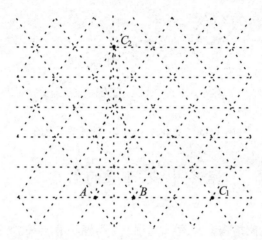

图 4-28 推论 1（$k=3$）和推论 2（$k=2$，$AC_2=BC_2=$

$\sqrt{19}AB$）的证明示意图

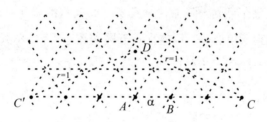

图 4-29 推论 3（$n=3$）的证明示意图

推论 4 已知 A，B 两点，且 $AB=a \leqslant \dfrac{2}{2n+1}$，则可以作出点 C，

使 $AC=BC=\sqrt{1-n(n+1)a^2}$（图 4-30）。

推论 1 是显然的。推论 2～4 的证明，只要分别看看图 4-28、

图 4-29、图 4-30，用勾股定理便可得到。

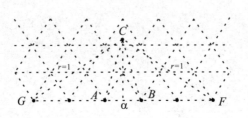

图 4 - 30　推论 4（$n = 2$）的证明示意图

佩多中点问题的解答

《朱子治家格言》里有一句话："得意不宜再往。"意思是：占便宜的事，一次就可以了，"再往"，说不定反而吃亏。但在数学里，恰恰相反，成功了的方法，大家老想一用再用，"得意"之后，总想"再往"。让我们回忆一下解决佩多第一个问题的步骤：首先设法作出不太大的正三角形——用的是"五圆构图法"（278 页图 4 - 23），然后才解决一般情况下的问题。让我们试一试，对第二个问题能否如法炮制？

假设 A、B 之间的距离不太大，怎样找出线段 AB 的中点呢？我们可以这样设想：如果以 AB 为底作一个 $\triangle ABC$，而且可以作出 AC、BC 的中点 M、N，再作出点 P，使 MC-NP 是平行四边形，那么 P 就是线段 AB 的中点了（图 4 - 31）。

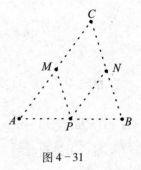

图 4 - 31

这个设想看起来似乎行不通：要找出 AB

的中点，却要先找出 AC、BC 的中点。但这里有一个区别：AB 的长度是任意给定的，而 C 点的位置，从而 AC、BC 的长度，却可以由我们选择。因此我们希望找到一个适当的长度 d，当任意两点的距离为 d 时，可以作出连接这两点的线段的中点；另外，对于距离不太远的 A、B 两点，可以作出点 C，使 AC、BC 的长度均为 d（这就隐含了 $AB < 2d$，即 A、B 间的距离的确不能太大）。

寻找这样的长度 d，颇不容易。在侯晓荣的一般代数讨论启发下，笔者找到了 3 个符合要求的 d：$\dfrac{1}{\sqrt{17}}$，$\dfrac{1}{\sqrt{19}}$，$\dfrac{1}{\sqrt{51}}$，其中最后找到的 $\dfrac{1}{\sqrt{19}}$，所对应的作图步骤最简单。

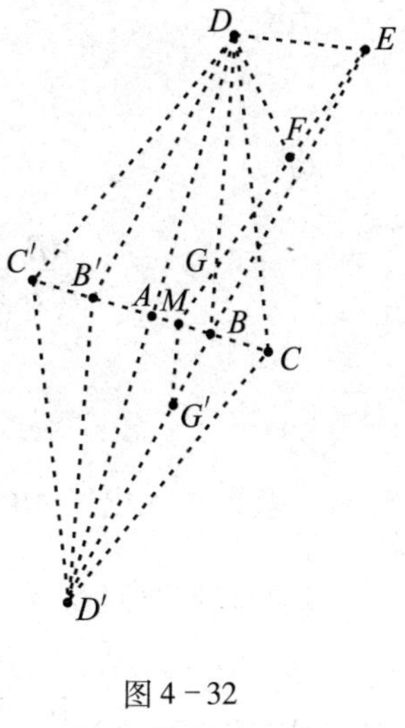

图 4-32 告诉我们怎样用单位定规作出两个相距 $\dfrac{1}{\sqrt{19}}$ 的点 A、B 所连成线段的中点。具体步骤是：

（1）由推论 1 作出点 C、B'、C'，使 $B'C' = B'A = AB = BC = \dfrac{1}{\sqrt{19}}$。

（2）分别以 C、C' 为圆心作单位圆交于 D 和 D'，则 DD' 垂直平分 CC'，且 $DA = D'A = \sqrt{\dfrac{15}{19}}$，于是 $BD = \dfrac{4}{\sqrt{19}}$。

图 4-32

（3）由推论 3，取 $BD = a$，$n = 1$，可作出点 E，使 $ED \perp DB$，且

$$ED = \sqrt{1 - a^2} = \sqrt{\frac{3}{19}}。$$

（4）作出点 F，使 $\triangle DEF$ 为正三角形。由推论 1，可作点 G 使 $GF = FE$，且 G、F、E 共线。显然 G 在 BD 上，并且 $DG = \sqrt{3} DE = \sqrt{3} \cdot \sqrt{\frac{3}{19}} = \frac{3}{\sqrt{19}}$，因而 $GB = BD - DG = \frac{1}{\sqrt{19}}$。

（5）同样在 BD' 上作出点 G'，使 $BG' = BG = \frac{1}{\sqrt{19}}$。再作点 M，使 $GBG'M$ 是平行四边形，则 M 在 AB 上。

因为

$$\triangle B'DB \backsim \triangle MGB,$$

故

$$\frac{MB}{B'B} = \frac{GB}{DB} = \frac{1}{\sqrt{19}} \div \frac{4}{\sqrt{19}} = \frac{1}{4},$$

$$MB = \frac{1}{4} B'B = \frac{1}{2} AB。$$

这样，我们就作出了 AB 的中点 M。

现在我们要对距离小于 $\frac{2}{\sqrt{19}}$ 的两点 A、B，设法作出点 C，使 AC、BC 的长度为 $\frac{1}{\sqrt{19}}$。为此，我们要用到下面这个十分有用的"半径变化定理"。

引理 4（半径变化定理）（单位定规作图法之四） 已知 A、B、

C^* 是等腰三角形的 3 个顶点，$AC^* = BC^* \leqslant 2$，则可作出点 C，使 $\triangle ABC$ 为等腰三角形（当 $BC^* = 2$ 时，$\triangle ABC$ 退化为线段），且

$$AC = BC = \frac{AB}{BC^*}。$$

证明： 如图 4-33，分别以 B、C^* 为圆心作圆，取对 A 来说在 BC^* 另一侧的交点为 P；分别以 A、C^* 为圆心作圆，取对 B 来说在 AC^* 另一侧的交点为 Q；再分别以 P、Q 为圆心作圆，交于 C^*、C 两点。由对称性，可知直线 C^*C 垂直平分 AB。

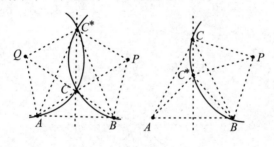

图 4-33

(1) 若 C 在 $\triangle ABC^*$ 内（图 4-33 左图），由

$$\angle ACB = 2(\angle CC^*B + \angle CBC^*) = \angle CPB + \angle CPC^* = \angle C^*PB,$$

得 $\qquad\qquad \triangle ACB \backsim \triangle C^*PB。$

(2) 若 C 在 $\triangle ABC^*$ 外（图 4-33 右图，图中 Q 点没画出），由

$$\angle ACB = 2\angle C^*CB = \angle C^*PB,$$

得 $\qquad\qquad \triangle ACB \backsim \triangle C^*PB。$

于是总有

$$\frac{AC}{AB} = \frac{PC^*}{BC^*} = \frac{1}{BC^*},$$

亦即

$$AC = BC = \frac{AB}{BC^*}。$$

引理 4 相当于给了我们这样一把生锈圆规：它两脚的固定开度

是 $\frac{AB}{BC^*}$，即可以分别以 A、B 为圆心，以 $\frac{AB}{BC^*}$ 为半径作圆交于 C。

设 $AB < \frac{2}{\sqrt{19}}$，把图 4–33 中的 $\triangle ABC^*$ 取成与 291 页图 4–28 中

的 $\triangle ABC_2$ 相似，即 $BC^* = \sqrt{19}AB < 2$，由半径变化定理，图 4–33

中所得到的点 C 满足：

$$AC = BC = \frac{AB}{BC^*} = \frac{1}{\sqrt{19}}。$$

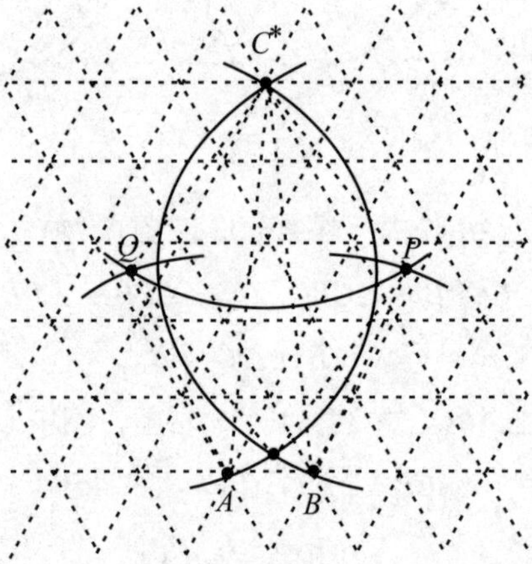

图 4–34

这就圆满地解决了所提出的问题：任给两点 A、B，只要 $AB < \frac{2}{\sqrt{19}}$，

就能作出以 AB 为底，腰长为 $\dfrac{1}{\sqrt{19}}$ 的等腰三角形的顶点 C 来。图 4-34表现了整个作图过程。

现在我们用 293 页图 4-32 所示的方法作出 AC、BC 的中点，再用 292 页图 4-31 给出的设想，就可以作出 $AB\left(<\dfrac{2}{\sqrt{19}}\right)$ 的中点了。

最后一个尚待完成的步骤就容易多了。设已给了 A、B 两点，它们可能相距甚远。我们用老办法：作一个"蛛网点阵"来控制 B 点（图 4-35）。先在 A 点的近旁取一点 D，使 $AD\leqslant\dfrac{1}{\sqrt{19}}$；接着作出点 E，使 $\triangle ADE$ 是正三角形；然后像铺瓷砖一样，一块接一块地用全等

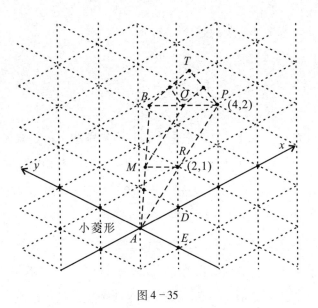

图 4-35

于 $\triangle ADE$ 的正三角形向 A 点的周围扩张，构成一个"蛛网点阵"。这些正三角形的顶点可以看成某个斜角坐标系下的所谓"格点"（坐标为整数的点）。4 个格点形成一个小菱形。B 点总要落在某个小菱形内或它的周界上。小菱形的 4 个顶点中，总有一个顶点 P，它的坐标是一对偶数 $(2m,\ 2k)$。这样，点 $R(m,\ k)$ 就是 AP 的中点。显然 $BP < \dfrac{2}{\sqrt{19}}$，于是可作出点 T 使 $BT = PT = \dfrac{1}{\sqrt{19}}$。然后分别作出 BT、PT 的中点，进而作出 BP 的中点 Q。最后作出点 M 使 $QPRM$ 为平行四边形，则 M 点就是 AB 的中点。这就得到

定理 1（单位定规作图法之五） 已知 A，B 两点，可以作出线段 AB 的中点 M。

这是我们期待已久的结论。

同 变 定 理

请注意一下图 4 - 34，它是什么？不是别的，正是佩多惊叹的"五圆构图"（278 页图 4 - 23）的变种！在"五圆构图"中，两个边长为 1 的全等三角形"诱导"出了第三个正三角形；在图 4 - 34 中，两个腰长为 1 的全等等腰三角形"诱导"出了一个与它们相似的等腰三角形。把正三角形换成相似的等腰三角形，使我们得到了有效的新手段。这一点给我们以启发。在 280 页图 4 - 25 中，也有 3 个正三角形：从 $\triangle AB^*C^*$ 和 $\triangle C^*PC$ 这两个正三角形出发，作出点

B，使 B^*C^*PB 是平行四边形，就得到了正三角形 ABC。

把前两个正三角形换成彼此相似的三角形，是否也能通过平行四边形作图得到第三个相似三角形呢？

果然如此！如图 4 - 36：已知 $\triangle AB^*C^* \backsim \triangle B^*BP$，且 A—B^*—C^* 沿 $\triangle AB^*C^*$ 周界绕行的方向与 B^*—B—P 沿 $\triangle B^*BP$ 周界绕行的方向相同（这里都是逆时针方向），则以点 C^*、B^*、P 为基础作平行四边形 C^*B^*PC，必有 $\triangle ABC \backsim \triangle AB^*C^*$。

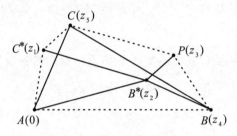

图 4 - 36

先证明 $\triangle AC^*C \backsim \triangle CPB \backsim \triangle AB^*B$。在 $\triangle AC^*C$ 和 $\triangle AB^*B$ 中，已有

$$\frac{AC^*}{C^*C} = \frac{AC^*}{B^*P} = \frac{AB^*}{B^*B}。\quad (\text{因} \triangle AB^*C^* \backsim \triangle B^*BP)$$

只要再证明

$$\angle AC^*C = \angle AB^*B。$$

因为 $\angle AB^*C^* + \angle BB^*P = \angle AB^*C^* + \angle B^*AC^* = 180° - \angle AC^*B^*$，

而 $\angle C^*B^*P = 180° - \angle CC^*B^*$，

故 $\angle AB^*B = 360° - \angle AB^*C^* - \angle BB^*P - \angle C^*B^*P$，

$$= 360° - (180° - \angle AC^*B^*) - (180° - \angle CC^*B^*)$$

$$= \angle AC^*B^* + \angle CC^*B^* = \angle AC^*C_。$$

所以 $$\triangle AC^*C \backsim \triangle AB^*B_。$$

同理可证 $$\triangle CPB \backsim \triangle AB^*B_。$$

从而得 $$\frac{AC^*}{AC} = \frac{AB^*}{AB}, \ \frac{B^*C^*}{BC} = \frac{PC}{BC} = \frac{AB^*}{AB},$$

这就证明了 $\triangle ABC \backsim \triangle AB^*C^*$。

注意这个结论当 $\triangle AB^*C^*$ 退化时仍成立。例如：当 C^*、P 分别是 AB^* 和 B^*B 的中点时，C 是 AB 的中点，即 292 页图 4-31 所示。

上面的证明依赖于图，如果你熟悉平面向量的复数表示法，就可以有一个十分简单而且不依赖于图的证法。

设 A 是复平面上的原点。分别用 z_1、z_2、z_3、z_4 顺次表示 C^*、B^*、P、B，于是 $\triangle AB^*C^* \backsim \triangle B^*BP$，且它们顶点的绕行方向一致这一几何事实可以简单地用复数式表示为

$$\frac{z_1}{z_2} = \frac{z_3 - z_2}{z_4 - z_2} = z^*_。$$

设 C 为 z_5，则 C^*B^*PC 是平行四边形这一几何事实可以表示为

$$z_5 - z_1 = z_3 - z_2_。$$

于是

$$\frac{z_5}{z_4} = \frac{z_5 - z_1 + z_1}{z_4 - z_2 + z_2} = \frac{z_3 - z_2 + z_1}{z_4 - z_2 + z_2}$$

$$= \frac{z^*(z_4 - z_2) + z^* z_2}{z_4 - z_2 + z_2} = z^*,$$

因此

$$\frac{z_5}{z_4} = \frac{z_1}{z_2}。$$

其几何意义就是 $\triangle ABC \backsim \triangle AB^*C^*$，且它们的顶点有相同的绕行方向。以上推理在 $\triangle AB^*C^*$ 退化成为线段时仍成立，这时 z^* 为实数。因而有

引理 5（单位定规作图法之六） 已知 A、B、B^*、C^*、P，使 $\triangle AB^*C^* \backsim \triangle B^*BP$ 且 $A — B^* — C^*$ 与 $B^* — B — P$ 在各自周界上有相同的绕行方向，则可作点 C，使 $\triangle ABC \backsim \triangle AB^*C^*$，并且 $A — B — C$ 与 $A — B^* — C^*$ 在各自周界上有相同的绕行方向。当 $\triangle AB^*C^*$ 退化时，上述结论仍成立。

由引理 5，运用数学归纳法，容易证明

推论 5（同变定理） 已知点列 A_0，A_1，A_2，$\cdots$，A_{n+1} 和 P_0，P_1，$\cdots$，P_n，$A_0 = A$，$A_{n+1} = B$，使得诸 $\triangle A_i P_i A_{i+1}$ 彼此相似且 $A_i — P_i — A_{i+1}$（$i = 0$，1，2，$\cdots$，n）在各自周界上有相同的绕行方向，则可作点 C，使 $\triangle ACB \backsim \triangle A_0 P_0 A_1$，而且 $A — C — B$ 与 $A_0 — P_0 — A_1$ 在各自周界上有相同的绕行方向（图 4–37）。

把推论 5 叫做"同变定理"，意思是大三角形与这些小三角形一同变化。由引理 1，任两点之间可以用步长为 1 的点列联系起来，而用单位定规作边长为 1 的正三角形是最容易的了，因此由同变定理立刻就推出佩多教授第一个问题的肯定解答。

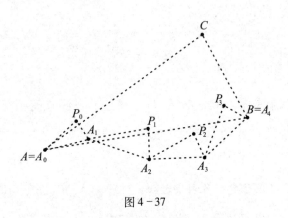

图 4 - 37

正方形与 n 等分点作图

用单位定规作图，无非是确定点的位置。已知 A、B 两点去确定第三点 C，也就是求作 C 点使 $\triangle ABC$ 相似于某个给定的三角形。有了同变定理，自然会想到：如果

i）当 $AB = d$ 时，可作 $\triangle ABC \backsim \triangle PQR$；

ii）对任给的两点 A、B，可用步长为 d 的点列把它们联系起来；

则对任给的 A、B 两点，总能作 $\triangle ABC \backsim \triangle PQR$。

那么，可以用步长为多大的点列把任意两点联系起来呢？

让我们来看 297 页图 4 - 35。事实上，在图 4 - 35 中总可以取 $AD = \dfrac{1}{\sqrt{19}}$。方法是：先取一点 C 使 $AC < \dfrac{2}{\sqrt{19}}$，再用 296 页图 4 - 34 所示的方法作出点 D，使 $AD = CD = \dfrac{1}{\sqrt{19}}$。这样，图 4 - 35 的蛛网点

阵中任何相邻两点都相距 $\dfrac{1}{\sqrt{19}}$。注意到 $BT = PT = \dfrac{1}{\sqrt{19}}$，于是可以

用步长为 $\dfrac{1}{\sqrt{19}}$ 的点列联系 A、B。

但这个 $\sqrt{19}$ 是哪儿来的？它是由推论 2 中的 $\sqrt{3k^2 + 3k + 1}$ 取 $k =$

2 得来的。对 291 页图 4-28 中的 $\triangle ABC_2$ 用一下半径变化定理，便

可以在 $AB < \dfrac{2}{\sqrt{3k^2 + 3k + 1}}$ 的前提下作出点 C，使 $AC = BC =$

$\dfrac{1}{\sqrt{3k^2 + 3k + 1}}$，再由图 4-35 便可得知

推论 6　对任给的非负整数 k，任意两点都可以用步长为

$\dfrac{1}{\sqrt{3k^2 + 3k + 1}}$ 的点列联系起来。

另外，有一个平凡的

推论 7　已知 A、B 两点，$AB = a = \dfrac{1}{\sqrt{m}}$，$m \geqslant 3$，则可作一点 C，

使 $AC = BC = \dfrac{1}{\sqrt{m-2}}$。

证明：先由推论 1，可作直线 AB 上的两点 P、Q，使 $PA = AB =$

$BQ = a$，$PQ = 3a < 2$。再由推论 4，可作出点 C^*，使 $AC^* = BC^* =$

$\sqrt{1 - n(n+1)a^2}$。取 $n = 1$，得 $AC^* = BC^* = \sqrt{1 - 2a^2} = \sqrt{\dfrac{m-2}{m}}$。再

由半径变化定理可作出点 C，使

$$AC = BC = \frac{AB}{BC^*} = \frac{1}{\sqrt{m-2}}。$$

注意到推论 6 中的 $3k^2 + 3k + 1$ 可以是足够大的奇数，于是反复用推论 7 便得

推论 8 对任给的非负整数 m，任意两点都可用步长为 $\dfrac{1}{\sqrt{2m+1}}$ 的点列联系起来。

推论 8 立刻使我们得到一个意外收获：

定理 2（单位定规作图法之七） 对任给的正整数 m 和 A、B 两点，可以作出点 C，使 $\angle CAB = 90°$ 且 $CA = \sqrt{m}AB$。

证明： 令 $k = 2 + \dfrac{1 + (-1)^m}{2}$，则 $m + k^2 - 1$ 总是偶数。取 $N = \dfrac{1}{2}(m + k^2 - 1)$，则

$$m = 2N + 1 - k^2。$$

应用推论 8，把 A、B 两点用步长为 $\dfrac{1}{\sqrt{2N+1}}$ 的点列联系起来。设此点列为 P_0，P_1，$\cdots$，P_{l+1}。对于 P_j，P_{j+1} $(j = 0，1，2，\cdots,l)$，由推论 3 可作出 D_j，使得 $D_j P_j \perp P_j P_{j+1}$，且 $D_j P_j = \sqrt{1 - n^2 a^2}$，这里取 $n = k$ 而 a 即为 $P_j P_{j+1} = \dfrac{1}{\sqrt{2N+1}}$。于是 $D_j P_j = \sqrt{\dfrac{m}{2N+1}}$。再由同变定理即知可作点 C，使 $\triangle ABC \backsim \triangle P_j P_{j+1} D_j$，因而 $\angle CAB = 90°$，且

$$\frac{CA}{AB} = \frac{D_j P_j}{P_j P_{j+1}} = \sqrt{\frac{m}{2N+1}} \div \sqrt{\frac{1}{2N+1}} = \sqrt{m}。$$

取 $m = 1$，立刻得到一个引人注目的

推论 9 已知 A、B 两点，可作 C、D 两点，使 $ABCD$ 是正方形。

继续前进，就可以得到超过佩多教授要求的 n 等分点作图了！

定理 3（单位定规作图法之八） 已知 A、B 两点，对任给的正整数 $k > 1$，都可以作出 AB 上的一点 C，使 $AB = \sqrt{k}CB$（当 $k = 4$ 时，C 即为 AB 中点）。

证明： 我们列出作图步骤。

（1）用步长为 $a = \dfrac{1}{\sqrt{2N+1}}$ 的点列 P_0，P_1，$\cdots$，P_{n+1} 把 A、B 联系起来，这里 $P_0 = A$，$p_{n+1} = B$，而 N 是任意取定的正整数。

（2）任取正整数 $m < 2N$，对"联系点列"当中的相继两点 P_i，P_{i+1} 应用定理 2 作出一点 C_i，使 $\angle C_i P_i P_{i+1} = 90°$，且 $C_i P_i = \sqrt{m} P_i P_{i+1} = \sqrt{m}a$，于是 $C_i P_{i+1} = \sqrt{C_i P_i^2 + P_i P_{i+1}^2} = \sqrt{m+1}a$。

（3）作 C_i 关于直线 $P_i P_{i+1}$ 的对称点 C_i^*，这可以简单地用推论 1 来完成。

（4）以 $C_i P_{i+1}$ 为一边向两侧作正方形 $C_i P_{i+1} OX$ 和 $C_i P_{i+1} \widetilde{Q} \widetilde{X}$。

（5）分别以 Q、$\widetilde{Q}$ 为圆心作圆，交于两点。其中一点 W 在线段 $C_i P_{i+1}$ 上，易求出

$$WP_{i+1} = \sqrt{1 - C_i P_{i+1}^2} = \sqrt{1 - (m+1)a^2}。$$

（因 $m < 2N$，故 $(m+1)a^2 = \dfrac{m+1}{2N+1} < 1$。）

（6）以 $C_i^* P_{i+1}$ 为一边向两侧作正方形，重复（4）与（5）的步骤，得到关于 $P_i P_{i+1}$ 与 W 对称的 W^*，即

$$W^* P_{i+1} = W P_{i+1}, \quad \angle W^* P_{i+1} P_i = \angle W P_{i+1} P_i。$$

（7）应用引理 2，作平行四边形 $W P_{i+1} W^* M$（事实上是菱形），显然 M 落在 $P_i P_{i+1}$ 上。

设 $W W^*$ 交 $M P_{i+1}$ 于 O，则有

$$\frac{M P_{i+1}}{P_i P_{i+1}} = \frac{2 O P_{i+1}}{P_i P_{i+1}} = \frac{2 W P_{i+1}}{C_i P_{i+1}} = \frac{2\sqrt{1-(m+1)a^2}}{\sqrt{(m+1)a^2}}$$

$$= 2\sqrt{\frac{2N-m}{m+1}} = \sqrt{\frac{4(2N-m)}{m+1}}。$$

为了使 $P_i P_{i+1} = \sqrt{k} M P_{i+1}$，只要取 $m = 4k-1, N = 2k$ 即可。（2）～（7）的作图过程见图 4-38。

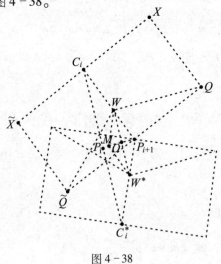

图 4-38

最后，用一下同变定理，便可以作出所要的点 C 来。

我们完成的比佩多教授所希望的要多：AB 的 n 等分点都可以作出来（只要取 $k = n^2$ 即可）。把定理 1 与定理 2 结合起来，实际上得到了这样的结论：如果以 A 为原点，以直线 AB 为 x 轴，建立笛卡儿坐标系，并设 $AB = \lambda$，则当 x、y 都是整系数二次方程的实根的时候，点（λx，λy）一定能用单位定规作出来！

复数表示与代数语言

用复数表示平面上的点，可以用简洁的代数语言来叙述"生锈圆规"的作图理论。

设已知两点 A、B，A 用复数 $z_A = 0$ 表示，B 用另一个复数 z_B 表示，则当 $z_B - z_A = z_B \neq 0$ 时，平面上任一点 C 所对应的复数 z_C 总可以表示成

$$z_C = z^* z_B$$

的形式。

设有某个固定的复数 z^*，对任何复数 z_B，都能用单位定规作出点 $z_C = z^* z_B$，就说 z^* 是全可作的复数。全体全可作复数所成之集合记作 L。

佩多的第一个问题等价于：$e^{\frac{i\pi}{3}} = \dfrac{1}{2} + \dfrac{\sqrt{3}}{2} i$ 是否属于 L？第二个问题等价于：$\dfrac{1}{2}$ 是否属于 L？

我们再引入另一个集合 S：若对任意两点 A、B，都有步长为 d 的点列把它们联系起来，则称 $d \in S$。

把全可作的概念略加推广，可得相对可作的概念：设 z^* 是某个复数，$\mathscr{U}$ 是复数集合的一个非空子集，若对一切 $z_B \in \mathscr{U}$，都能用单位定规作出 $z_C = z^* z_B$，则称 z^* 为**相对于 $\mathscr{U}$ 可作**。所有相对于 $\mathscr{U}$ 可作的复数所成之集合记作 $L(\mathscr{U})$。

下面的命题，大部分是显然的。

命题 1 若 $\mathscr{U}_1 = \{z_1 z \mid z \in \mathscr{U}\}$，且 $z_1 \in L(\mathscr{U})$，$z_2 \in L(\mathscr{U}_1)$，则 $z_1 z_2 \in L(\mathscr{U})$。

这个命题易由 $L(\mathscr{U})$ 的定义得到。当 $\mathscr{U}$ 是全体复数时可推出：若 $L \supset \{z_1, z_2\}$，则 $z_1 z_2 \in L$。

命题 2 若 $z_1 \in L(\mathscr{U})$，$z_2 \in L(\mathscr{U})$，则 $z_1 + z_2 \in L(\mathscr{U})$。这是引理 2 的代数表示。

命题 3 若 $z \in L(\mathscr{U})$，则其共轭复数 $\bar{z} \in L(\mathscr{U})$。

命题 4 若 $0 < d = |z_B| \in S$，则由 $z \in L(z_B)$ 可推知 $z \in L$，这就是同变定理。这里 $L(z_B)$ 是 $L(\{z_B\})$ 的略写，以下同此。

命题 5 由 $1 \in S$ 及 $e^{\frac{i\pi}{3}} \in L(1)$ 得 $e^{\frac{i\pi}{3}} \in L$。再用命题 2 与命题 3 可得：对一切整数 m、k 有

$$m + \frac{1}{2} + i\left(k + \frac{1}{2}\right)\sqrt{3} \in L, \quad m \in L, \quad ik\sqrt{3} \in L。$$

命题 6 若 $0 < \lambda \in L$，$0 < \lambda d < 1$，则 $i\sqrt{\dfrac{1}{d^2} - \lambda^2} \in L(d)$。特别当

$d \in S$ 时，由命题 4 得 $\mathrm{i}\sqrt{\dfrac{1}{d^2} - \lambda^2} \in L$。

证明很简单：由 $\lambda \in L$ 知 λd 和 $-\lambda d$ 都可作。分别以 λd、$-\lambda d$ 为圆心作圆，交点正是 $\pm \mathrm{i}\sqrt{1 - \lambda^2 d^2}$。于是 $\dfrac{\mathrm{i}}{d}\sqrt{1 - \lambda^2 d^2}$

$= \mathrm{i}\sqrt{\dfrac{1}{d^2} - \lambda^2} \in L(d)$。

命题 7　若 $0 \leqslant \lambda \in L$，$0 < \left(\lambda + \dfrac{1}{2}\right)d < 1$，则

$$\frac{1}{2} \pm \mathrm{i}\sqrt{\frac{1}{d^2} - \left(\lambda + \frac{1}{2}\right)^2} \in L(d)。$$

特别当 $d \in S$ 时，由命题 4 得

$$\frac{1}{2} \pm \mathrm{i}\sqrt{\frac{1}{d^2} - \left(\lambda + \frac{1}{2}\right)^2} \in L。$$

证明与命题 6 的证明类似：只要分别以 $(\lambda + 1)d$ 和 $-\lambda d$ 为圆心作圆，则交点为 $\dfrac{d}{2} \pm \mathrm{i}\sqrt{1 - \left(\lambda + \dfrac{1}{2}\right)^2 d^2}$，用 d 除之后即得。

命题 8　若 $z = \dfrac{1}{2} + \mathrm{i}\lambda \in L$，则 $\dfrac{1}{|z|} \in S$。

注意 $1 \in S$，用半径变化定理即得。

命题 9　若 $d \in S$，$z = \dfrac{1}{2} + \mathrm{i}\lambda \in L(d)$，则 $|zd| \in S$。

命题 10　由命题 5 与命题 8，取

$$z = \frac{1}{2} + \mathrm{i}\left(k + \frac{1}{2}\right)\sqrt{3},$$

即得
$$\frac{1}{\sqrt{3k^2 + 3k + 1}} \in S_。$$

这就是推论 6。

命题 11　若 $d \in S$，$d < \dfrac{2}{3}$，则 $\dfrac{1}{\sqrt{\left(\dfrac{1}{d^2}\right) - 2}} \in S_。$

证明： 在命题 7 中取 $\lambda = 1$，则 $0 < \left(\lambda + \dfrac{1}{2}\right)d < 1$，于是得 $\dfrac{1}{2} \pm$

$\mathrm{i}\sqrt{\dfrac{1}{d^2} - \left(\lambda + \dfrac{1}{2}\right)^2} \in L$。由命题 8 得

$$\left| \frac{1}{2} \pm \mathrm{i}\sqrt{\frac{1}{d^2} - \left(\lambda + \frac{1}{2}\right)^2} \right|^{-1} = \frac{1}{\sqrt{\dfrac{1}{d^2} - 2}} \in S_。$$

命题 12　对任意非负整数 m，有 $\dfrac{1}{\sqrt{2m+1}} \in S$。

这就是推论 8。证明可从 $d = \dfrac{1}{\sqrt{3k^2 + 3k + 1}}$ 出发，多次用命题 11

而得。

命题 13　对一切正整数 n、k，有 $\mathrm{i}^k \sqrt{n} \in L_。$

证明： 在命题 6 中取 $d = \dfrac{1}{\sqrt{2m+1}}$，$\lambda = l \in L$，这里 m、l 是自然

数且 $l < \sqrt{2m+1}$，于是得

$$\mathrm{i}\sqrt{\frac{1}{d^2} - \lambda^2} = \mathrm{i}\sqrt{2m+1 - l^2} \in L_。$$

为使 $n = 2m + 1 - l^2$，当 n 为奇数时取 $l = 2$，当 n 为偶数时取 $l = 1$。又取 $m = 2$，$l = 2$，得 $i \in L$，从而 $i \sqrt[k]{n} \in L$。取 $k = 1$，即为定理 2。

命题 14 $\dfrac{1}{2} \in L$。

这个命题的证明实际上是把前面的找 AB 中点的过程用代数语言复述一遍。由命题 13，$\sqrt{15} \in L$，$1 \in L$，$i \in L$，故 $1 + i \sqrt{15} \in L$，取

$$d = \frac{|1 + i \sqrt{15}|}{\sqrt{19}} = \frac{4}{\sqrt{19}}, \quad \lambda = 1, \quad \text{由命题 6 可得}$$

$$i \sqrt{\frac{1}{d^2} - \lambda^2} = i \frac{\sqrt{3}}{4} \in L(d) = L\left(\frac{1 + i \sqrt{15}}{\sqrt{19}}\right)。$$

由命题 1 得 $i \dfrac{\sqrt{3}}{4}(1 + i \sqrt{15}) \in L\left(\dfrac{1}{\sqrt{19}}\right)$。但 $\dfrac{1}{\sqrt{19}} \in S$，由命题 4 得

$$i \frac{\sqrt{3}}{4}(1 + i \sqrt{15}) = -\frac{\sqrt{45}}{4} + i \frac{\sqrt{3}}{4} \in L。$$

再由命题 2 及命题 3 得 $i \dfrac{\sqrt{3}}{2} \in L$，由 $i \sqrt{3} \in L$ 得 $\dfrac{3}{2} \in L$，又由 $1 \in L$ 得

$$\frac{3}{2} - 1 = \frac{1}{2} \in L。$$

命题 15 若 $d \in S$，$0 < d < 2$，则 $\dfrac{1}{d^2} \in L$。

证明： 在命题 7 中取 $\lambda = 0 \in L$，得

$$z_1 = \frac{1}{2} + i \sqrt{\frac{1}{d^2} - \frac{1}{4}} \in L。$$

于是 $\bar{z}_1 \in L$，故 $z_1 \bar{z}_1 = |z_1|^2 = \dfrac{1}{d^2} \in L$。

命题 16　若 $\lambda \geqslant \dfrac{1}{2}$，$\lambda \in L$，则 $\dfrac{1}{2} + \mathrm{i} \sqrt{\lambda^2 - \dfrac{1}{4}} \in L$。

证明：取整数 $m > \lambda$，令

$$z_1 = \frac{1}{2}\left(1 + \mathrm{i}\sqrt{4m^2 + 1}\right),\ z_2 = \frac{1}{2} + \mathrm{i}m,$$

由命题 8 及 $z_1 \in L$ 得 $\dfrac{1}{|z_1|} = \dfrac{1}{\sqrt{m^2 + \dfrac{1}{2}}} = d_1 \in S$。又由 $z_2 \in L$ 得

$$\frac{1}{|z_2|} = \frac{1}{\sqrt{m^2 + \dfrac{1}{4}}} = d_2 \in S_\circ$$

再由命题 6，得

$$\mathrm{i}\sqrt{\frac{1}{d_1^2} - \lambda^2} = \mathrm{i}\sqrt{m^2 + \frac{1}{2} - \lambda^2} = \mathrm{i}\lambda_1 \in L,$$

于是 $\lambda_1 \in L$，又由命题 6 得

$$\mathrm{i}\sqrt{\frac{1}{d_2^2} - \lambda_1^2} = \mathrm{i}\sqrt{m^2 + \frac{1}{4} - \left(m^2 + \frac{1}{2} - \lambda^2\right)}$$

$$= \mathrm{i}\sqrt{\lambda^2 - \frac{1}{4}} \in L_\circ$$

由 $\dfrac{1}{2} \in L$ 得 $\dfrac{1}{2} + \mathrm{i}\sqrt{\lambda^2 - \dfrac{1}{4}} \in L$。

命题 17　若 $2 > \lambda \geqslant \dfrac{1}{2}$，$\lambda \in L$，则 $\dfrac{1}{\lambda} \in S \cap L$。

由命题 16 知，$z = \dfrac{1}{2} + \mathrm{i}\sqrt{\lambda^2 - \dfrac{1}{4}} \in L$，由命题 8 即得 $\dfrac{1}{|z|} =$

$\dfrac{1}{\lambda} \in S$。又由命题 9，取 $d = 1$ 得 $|z| = \lambda \in S$。由命题 15，取 $d = \lambda$，

得 $\dfrac{1}{\lambda^2} \in L$。又由 $\lambda \in L$ 可得 $\lambda \cdot \dfrac{1}{\lambda^2} = \dfrac{1}{\lambda} \in L$。

命题 18　若实数 $0 \neq \lambda \in L$，则 $\dfrac{1}{\lambda} \in L$。

证明： 因 $-1 \in L$，故只要对 $\lambda > 0$ 的情形来证。由于 $2 \in L$，$\dfrac{1}{2} \in$

L，故 $2^k \lambda \in L$，这里 k 是任意整数。适当取 k 使 $2 > 2^k \lambda \geqslant \dfrac{1}{2}$，则由命

题 17 得 $\dfrac{1}{2^k \lambda} \in L$，于是 $\dfrac{1}{\lambda} = 2^k \cdot \dfrac{1}{2^k \lambda} \in L$。

命题 19　若 $0 < \lambda \in L$，则 $\sqrt{\lambda} \in L$。

证明： 不妨设 $\lambda < 1$ 且 $\lambda \neq \dfrac{1}{2}$，因为当 $\lambda = \dfrac{1}{2}$ 时由命题 13 知 $\sqrt{2} \in$

L，又由命题 18 知 $\dfrac{1}{\sqrt{2}} \in L$；而当 $\lambda > 1$ 时，由命题 18 可用 $\lambda^* = \dfrac{1}{\lambda} < 1$

来代替 λ。

这时 $\lambda + \dfrac{1}{2}$、$\lambda - \dfrac{1}{2} \in L$，用命题 17，由 $\dfrac{1}{2} < \lambda + \dfrac{1}{2} < 2$ 可知 $d =$

$\dfrac{1}{\lambda + \dfrac{1}{2}} \in S$。用命题 6，由 $0 < d |\lambda - \dfrac{1}{2}| < 1$ 可得

$$\mathrm{i} \sqrt{\frac{1}{d^2} - \left(\lambda - \frac{1}{2}\right)^2} = \mathrm{i} \sqrt{\left(\lambda + \frac{1}{2}\right)^2 - \left(\lambda - \frac{1}{2}\right)^2} = \mathrm{i} \sqrt{2\lambda} \in L_{\circ}$$

于是由 $\mathrm{i} \in L$，$\dfrac{1}{\sqrt{2}} \in L$，$-1 \in L$ 即得 $\sqrt{\lambda} \in L_{\circ}$

命题 20 若 $z \in L$，$z \neq 0$，则 $\dfrac{1}{z} \in L_{\circ}$

证明： 由 $z \in L$，得 $z\bar{z} = \mid z \mid^2 \in L_{\circ}$ 由命题 18 得 $\mid z \mid^{-2} \in L_{\circ}$ 又由 $\bar{z} \in L$ 得 $\dfrac{1}{z} = \bar{z}\mid z \mid^{-2} \in L_{\circ}$

命题 21 若 $z \in L$，则 $\sqrt{z} \in L_{\circ}$

证明： 设 $z = \lambda \mathrm{e}^{\mathrm{i}\theta} = \lambda\,(\cos\theta + \mathrm{i}\sin\theta)$，这里 $\lambda > 0$，则 $\sqrt{z} = \sqrt{\lambda}\left(\cos\dfrac{\theta}{2} + \mathrm{i}\sin\dfrac{\theta}{2}\right)_{\circ}$

由 $z \in L$ 可得 $\mid z \mid^2 \in L$，因而 $\mid z \mid \in L$，即 $\lambda \in L$，从而 $\sqrt{\lambda} \in L_{\circ}$ 又由 $\dfrac{1}{\lambda} \in L$ 得 $\cos\theta + \mathrm{i}\sin\theta \in L_{\circ}$ 于是 $\cos\theta \in L$，$\sin\theta \in L$，从而 $\cos\dfrac{\theta}{2} = \sqrt{\dfrac{1 + \cos\theta}{2}} \in L$，$\sin\dfrac{\theta}{2} = \sqrt{\dfrac{1 - \cos\theta}{2}} \in L$，于是

$$\sqrt{z} = \sqrt{\lambda}\left(\cos\dfrac{\theta}{2} + \mathrm{i}\sin\dfrac{\theta}{2}\right) \in L_{\circ}$$

这一节介绍的，基本上是侯晓荣的方法。

最后的两个命题告诉我们：从整数出发，经过有限次的四则运算和开平方运算得到的一切复数 z，都是全可作的！事实上，从两点出发来作图，通常圆规直尺的本领也不过如此了。